# Comida tradicional de Corea

## 한국전통 향토음식

국립농업과학원 지음

 21세기사

**Comida tradicional de Corea**
**Comentarios sobre la publicación**

Hansik (comida coreana), que se compone sobre todo de verduras frescas o fermentadas, es intrínsecamente buena para la salud. No sólo es agradable a la vista con sus diversos colores, pero también está cerca de la naturaleza, ya que se cocina con el fin de realzar el sabor natural de los ingredientes utilizados, y presenta una dieta fresca y equilibrada. Para los coreanos, la comida es igual a la medicina. Por estas razones, Hansik se considera una comida ideal para el bienestar.

Ya que el pueblo coreano utiliza cultivos nativos de su área local como su principal fuente de alimento, las distintas provincias - la región montañosa del noreste, las zonas costeras y las islas de las costas occidental y oriental, la región suroeste que tiene vastas llanuras - han desarrollado diferentes variedades de alimentos y recetas.

En este libro, hemos elegido cuidadosamente 100 comidas locales que representan a las nueve provincias de Corea. Cada receta está clasificada de acuerdo a su provincia de orígen, y se introduce junto con los ingredientes, instrucciones, consejos y fotos, para que los lectores puedan cocinar las comidas tradicionales Coreanas por sí mismos mucho más fácilmente.
Esperamos que usted pueda aprender mucho acerca de la naturaleza, la cultura y la belleza de Corea y desarrolle afecto por Corea a través de este libro.

## División de Cultura y Comida Coreana

Academia Nacional de Ciencias Agrícolas
Administración de Desarrollo Rural, Corea

# Contenido

1

# Clasificación de comidas coreanas

| Categorías Secundarias | Definición |
|---|---|
| 1. Arroz | El arroz se cocina con agua 1,2~1,5 veces la cantidad del arroz y otros granos. A veces se añade verduras, mariscos o carne al arroz. |
| 2. . Gachas | Una fórmula nutritiva hecha con una mezcla de agua 6 a 7 veces la cantidad del arroz, cebada, mijo, etc. hervida por un largo tiempo para fundir completamente los granos de arroz. Puede hacer las gachas de arroz con sólo arroz y agua, y luego añadir otro grano o frutos secos, verduras, carnes, pescados y mariscos o hierbas medicinales para darle mejor sabor. |
| 3. Mieum, Boembeok, Eungi | **Mieum** Gachas de arroz de consistencia clara hecha mezclando una gran cantidad de agua (más de 10 veces la cantidad de arroz o de cereales) con granos y luego llevandola a ebullición. Sólo se toma la sopa escurrida de la mezcla.<br>**Beombeok** Beombeok: Los ingredientes principales son el maíz, la calabaza y las patatas, y luego los frijoles de soya, frijoles azuki o harina de granos se añaden al cocinar.<br>**Eungi** Gachas de arroz hecho con sedimentos secos de granos molidos. Generalmente, jugo de omija (bayas de schizandra) se añade a estas gachas. |
| 4. Guksu (fideos), Sujebi (Sopa de masitas de harina) | **Guksu (fideos)** Es una comida que se sirve como sopa o mezclada con otras salsas.Masa de harina, harina de trigo sarraceno, o almidón de papa se corta en tiras finas para hacer los fideos.<br>**Sujebi** Pequeños trozos de masa hecha menos espesa que la de los fideos se añaden a un caldo hervido. El caldo se hace con carne, anchoas, etc. |
| 5. Mandu (Masitas de harina rellenas)) | Carne de res, pollo, tofu y brotes de frijol molidos son envueltos en una masa de harina, harina de trigo, verduras o filete de pescado finamente cortado. Las masas rellenas se cocinan al vapor, al horno o en un caldo de carne o transparente. |
| 6. Tteokguk (Sopa de pasteles de arroz) | Los pasteles de arroz blanco, harina de arroz se cocina al vapor y luego se machaca en un mortero. Las tortas de arroz blanco se cortan finamente en diagonal y se añaden al caldo hirviendo. Tradicionalmente, el caldo se hacía con faisán asado. Hoy en día, se utiliza carne de res o pollo, y se pueden utilizar también mariscos como ostras y anchoas. Es a menudo adornado con carne cortada en tiras y salteada, tiras de huevo frito, cebollas verdes, etc. |
| 7. Otros | Las comidas que pertenecen a la categoría 'Platos Principales', pero a niguna de las categorías secundarias anteriores. |

# Acompañantes

| Middle categories | Definición |
|---|---|
| 1. .Sopas | **Jangguk (Caldo)** Una sopa hecha mezclando caldo de falda de res con varios ingredientes sólidos y sazonada con salsa de soya.<br>**Tojangguk** Una sopa hecha mrzclando agua de arroz remojado con varios ingredientes sólidos y sazonada con doenjang (pasta de soya) o gochujang (pasta de pimiento rojo).<br>**Gomguk** Una sopa hecha hirviendo varios cortes de carne de res por mucho tiempo y sazonada con sal<br>**Naengguk (sopa fría)** Una sopa hervida y luego enfriada, sazonada con salsa de soya donde luego se añaden los ingredientes sólidos. |
| 2. Guisos y estofados | Una fórmula nutritiva hecha con una mezcla de agua 6 a 7 veces la cantidad del arroz, cebada, mijo, etc. hervida por un largo tiempo para fundir completamente los granos de arroz. Puede hacer las gachas de arroz con sólo arroz y agua, y luego añadir otro grano o frutos secos, verduras, carnes, pescados y mariscos o hierbas medicinales para darle mejor sabor. |
| 3. Kimchi | **Mieum** Gachas de arroz de consistencia clara hecha mezclando una gran cantidad de agua (más de 10 veces la cantidad de arroz o de cereales) con granos y luego llevandola a ebullición. Sólo se toma la sopa escurrida de la mezcla.<br>**Beombeok** Los ingredientes principales son el maíz, la calabaza y las patatas, y luego los frijoles de soya, frijoles azuki o harina de granos se añaden al cocinar.<br>**Eungi** Gachas de arroz hecho con sedimentos secos de granos molidos. Generalmente, jugo de omija (bayas de schizandra) se añade a estas gachas. |
| 4. Namul (Verduras sazonadas) | **Saengchae** Verduras crudas o conservadas en sal y condimentadas con sal, vinagre, salsa de soya o mostaza.<br>**Sukchae** Verduras sancochadas y condimentadas o salteadas en aceite vegetal junto con otros condimentos.<br>**Otros** Hay otros platos que no pertenecen específicamente a la categoría de Saengchae o Sukchae, hechos mezclando una variedad de ingredientes como carne y verduras. |
| 5. Comida a la parrilla | Carne, pescados y mariscos o deodeok (raíz de montaña que tiene un efecto restaurador) a la parrilla sazonados con sal o condimentos ricos |
| 6. Comida estofada y frita | **Jorim** Plato de carne, pescado y mariscos, o verduras estofados con condimentos fuertes, en el que los ingredientes han sido suficientemente adobados. Mayormente se sazona con salsa de soya, pero en caso del estornino o de la paparda del Pacífico, que son de carne roja y tienen un fuerte olor, se debe añadir doenjang (pasta de soya) o gochujang (pasta de pimiento rojo) a la salsa de soya.<br>**Jijimi** Jijimi es una comida con menos caldo que el jjigae (guiso) y más caldo que el jorim (comida estofada). El pescado y los mariscos se utilizan mayormente como ingredientes principales. A veces, jeons (panqueques, véase más adelante) se añaden a una pequeña cantidad de caldo. |

# Side Dishes

| Middle categories | Definition |
| --- | --- |
| **7. Comida salteada** | **Bokkum** Es un término genérico que se refiere a un plato hecho de ingredientes como las carnes, pescados y mariscos, verduras, algas granos y frijoles salteados en aceite vegetal. Estas comidas pueden ser salteados sólo en aceite vegetal, o también se puede añadir salsa de soya y azúcar. <br> **Cho** Comidas tales como el Jeonbok (oreja de mar) cho o el Honghap (mejillón) cho son cocinadas a fuego lento con salsa de soya, azúcar y aceite vegetal hasta que no quede caldo. |
| **8. Comida frita y en brocheta** | **Jeon** Una comida hecha con carne, pescado y mariscos, vegetales, o algas, picados o cortados en rebanadas finas, sazonados con sal y pimienta, cubiertos en harina y huevo, y finalmente fritos en sartén. Se conoce también como Jeonyueo, Jeonyuhwa o Jeonya. <br> **Sanjeok** Una comida hecha de ingredientes (como la carne, el pescado y los mariscos, vegetales o algas) cortados en tiras (alrededor de 1 cm ancho y 8~10 cm de largo) y ensartados en un palito por orden de color y luego fritos en aceite vegetal después de ser cubiertos en harina y huevo. |
| **9. Comida al vapor y verduras rellenas** | **Jjim** El Jjim se refiere a una comida hecha con ingredientes cortados en rodajas sazonado con condimentos ricos y hervidos durante mucho tiempo. La comida se cocina al vapor o se calienta en una cacerola para baño María. <br> **Seon** Una comida que se prepara con pepino, calabaza y tofu cocida ligeramente al vapor junto con otros ingredientes y se come remojando en salsa de soya mezclada con vinagre. |
| **10. Hoe (Comida cruda o ligeramente cocida)** | **Saenghoe** Carnes, pescados, mariscos o algas crudas cortadas finamente servidas con chogochujang (pasta de pimiento rojo y vinagre), salsa de mostaza, sal, o pimienta. <br> **Sukhoi** Pescado y mariscos, verduras o algas que se sirven ligeramente cocidos. <br> **Chohoi** Pescado, mariscos, vegetales, o algas ligeramente sazonados con vinagre con salsa de soya (o sal). <br> **Ganghoi** Pescado crudo que se sirve envuelto con verduras finas, tales como perejil o pequeñas cebollas verdes, y se come remojando en chogochujang (pasta de pimiento rojo mezclado con vinagre). <br> **Mulhoi** Pescado crudo cortado finamente adobado con condimentos incluyendo cebolleta, ajo, pimiento rojo en polvo, etc. y se sirve añadiendo agua a la mezcla. |
| **11. Platos secos** | **Bugak** Algas y verduras fritas. Plato frito de verduras o algas secas cubiertas con una pasta espesa de arroz glutinoso antes de ser secadâs. <br> **Jaban** Jaban es una comida de pescados, mariscos, y algas marinas conservados con mucho condimento por un largo tiempo. <br> **Tuigak** Algas sin otros condimentos cortadas y fritas en aceite vegetal. <br> **Po** Carne, pescado y mariscos que son condimentados aplanados y antes de secar. |

# Side Dishes

| Middle categories | Definition |
|---|---|
| **12. Sundae**<br>(Morcilla coreana)<br>Pyeonyuk (Carne al<br>vapor) | **Sundae**: Un tipo de morcilla hecho con sangre de cerdo, arroz glutinoso, brotes de frijol sancochados, y hojas exteriores de repollo mezclado con todo tipo de condimentos. Luego se rellenan tripas de cerdo con esta mezcla y finalmente se cocina hirviendo o al vapor.<br>**Pyeonyuk** Falda o pierna de res, o carne de cerdo hervida, enfriada, y prensada. Se sirve cortada en rodajas finas. |
| **13. Gelatina y tofu** | **Muk** Una gelatina hecha con una mezcla hervida y enfriada de almidón de trigo, frijol mungo, bellotas o kudzu mezclada con agua.<br>**Tofu** Para hacer el tofu, las habas de soya son remojadas y molidas. Después de que el Biji (puré de soya) es hervido y filtrado, se añade agua salada como coagulante para convertirlo en tofu sólido. |
| **14. Ssam**<br>(Comida envuelta) | Arroz y acompañantes que se envuelven en verduras o algas. Los ingredientes pueden ser crudos o cocidos. |
| **15. Jangajji**<br>(Encurtidos) | Verduras fermentadas en agua con sal, salsa de soya, pasta de soya o pasta de pimiento rojo. |
| **16. Mariscos salados y fermentados** | **Jeotgal** Comida fermentada hecha con filete, intestinos, y huevos de pecados y mariscos en sal fermentada por medio de enzimas auto-degradables y microorganismos benéficos. La sal utilizada debe ser aproximadamente 20% del peso total del pescado o marisco.<br>**Sikhae** Comida fermentada hecha de filetes de pescado conservados en sal mezclados con arroz (blanco o mijo), rábano cortado en tiras, pimiento rojo en polvo y otros condimentos. |
| **17. Jang** (Salsa) | Tipos básicos de Jang incluyen la salsa de soya, pasta de soya y pasta de pimiento rojo, todos los cuales son hechos con bloques de soya fermentada. |
| **18. Otros** | Las comidas que pertenecen a la categoría 'Acompañantes', pero a ninguna de las categorías secundarias anteriores. |

# Tteok (Tortas de arroz)

| Middle categories | Definition |
| --- | --- |
| **1. Jjintteok** (al vapor) | También conocido como 'Sirutteok', este tteok (torta de arroz) se hace de harina de cereal y es cocinado al vapor junto con una guarnición. |
| **2. Chintteok** (machacado) | Esta torta de arroz se hace con arroz machacado en un mortero después de cocinar el arroz o la harina de cereales al vapor. |
| **3. Jijintteok** (a la sartén) | Masa de harina de cereal amasada en trozos pequeños y frita en una sartén. |
| **4. Tteok hervido** | Masa de harina de cereal amasada en trozos pequeños, cocida al vapor y cubierta con migas. |
| **5. Otros** | Comida que pertenece a la categoría 'Tteok (Tortas de arroz)', pero a ninguna de las categorías secundarias anteriores. |

# Dulces

| Middle categories | Definition |
| --- | --- |
| **1. Yumilgwa** | Estos dulces tradicionales coreanos se hacen friendo una mezcla de harina y miel y aceite vegetal, luego recubrimientola con miel o jarabe de almmidón. |
| **2. Yugwa** | Estos dulces se hacen cociendo al vapor una masa de harina de arroz glutinoso mezclado con jugo o licor de frijol, amasando la masa y aplastándola para que se seque, y finalmente friendola en aceite vegetal y cubriendola con migas y azúcar. |
| **3. Dasik** | Un nombre genérico para los dulces elaborados con masa de miel mezclada con harina de cereal, polvo de hierbas medicinales, frutos secos o pólenes comestibles, y se prensa en un molde (dasikpan). |
| **4. Jeonggwa** | Dulces elaborados hirviendo trozos o rodajas de raíces, tallos, o frutas y confitandolos en miel o azúcar. |
| **5. Yeotgangjeong** | Dulces elaborados mezclando granos, semillas de sésamo, o de frutos secos con caramelo líquido, jarabe de cereales, miel o jarabe de azúcar, y luego cortadolos en rebanadas. |
| **6. Dang** (caramelo duro) | Nombre genérico para los dulces que son cocidos a fuego lento el arroz, arroz glutinoso, sorgo o camote cubierto en dulce de malta. |
| **7. Otros** | Comidas que pertenecen a la categoría 'Gwajeong', pero a ninguna de las categorías secundarias anteriores. |

# Bebidas

| Middle categories | Definition |
|---|---|
| **1. Te** | Para preparar el té, una variedad de hierbas medicinales, frutas, u hojas de té se machacan hasta que queden en polvo, se secan, o se cortan finamente y se dejan remojando por un tiempo en jarabe de azúcar o miel. Cuando está listo, et té se sirve con agua hervida. |
| **2. Hwachae** | El ponche de frutas coreano se hace con frutas y flores cortadas en diferentes formas y marinadas en miel o azúcar. Aparte de eso, las frutas y flores pueden adornar el jugo de omija (bayas de schizandra), agua azucarada o agua de miel. |
| **3. Sikhye** | Bebida tradicional coreana hecha con arroz glutinoso o no glutinoso cocido, que se añade a un brebaje de agua y malta, y se deja fermentado a cierta temperatura durante un tiempo determinado. |
| **4. Sujeonggwa** | Bebida tradicional coreana hecha con agua hervida de jengibre y canela, donde se añade caquis secos y miel o azúcar para darle un sabor dulce. |
| **5. Otros** | Comidas que pertenecen a la categoría 'Bebidas', pero a ninguna de las categorías secundarias anteriores. |

# Bebidas alcohólicas

| Middle categories | Definition |
|---|---|
| **1. Yakju y Takju** | Bebidas alcohólicas a base de cereales fermentados. |
| **2. Bebidas destiladas** | Bebidas destiladas como el Soju (aguardiente coreano), que se producen mediante la destilación de bebidas alcohólicas fermentadas, para aumentar el contenido de alcohol. |
| **3. Otros** | Comidas que pertenecen a la categoría 'Bebidas alcohólicas', pero a ninguna de las categorías secundarias anteriores. |

Capítulo

# [ Seúl, Gyeonggido ]

Seúl ha Sido la capital de Corea desde la época de la Dinastía Chosun, y la cultura, y la cultura de la familia real ha influido mucho la comida local. Además, siendo un lugar donde las comidas regionales fueron introducidas y consumidas junto con la gente de cada provincia que iba y venía, tiene más variedad de materiales y alimentos que en ningúna otra región del país. La comida de Seúl no es ni salada ni picante pero tiene un sabor ideal, y aunque las porciones son pequeñas, se sirve un mayor número de platos. El kimchi se hace mayormente con escabechados ligeros de camarón o corvina amarilla, y con camarones o sables frescos, lo que le da un sabor fresco y ligero. Seúl, por ser un lugar muy visitado por emisarios extranjeros, la comida está adornada con una variedad de colores para dar una presentación elaborada.

En comparación con Seúl, la comida en la provincia de Gyeonggi es más simple y tiene más cantidad y los condimentos son también sencillos. Hay mucha comida como el beombeok y el sujebi que se hacen con calabacín, papas, maíz, harina de trigo, y frijoles.

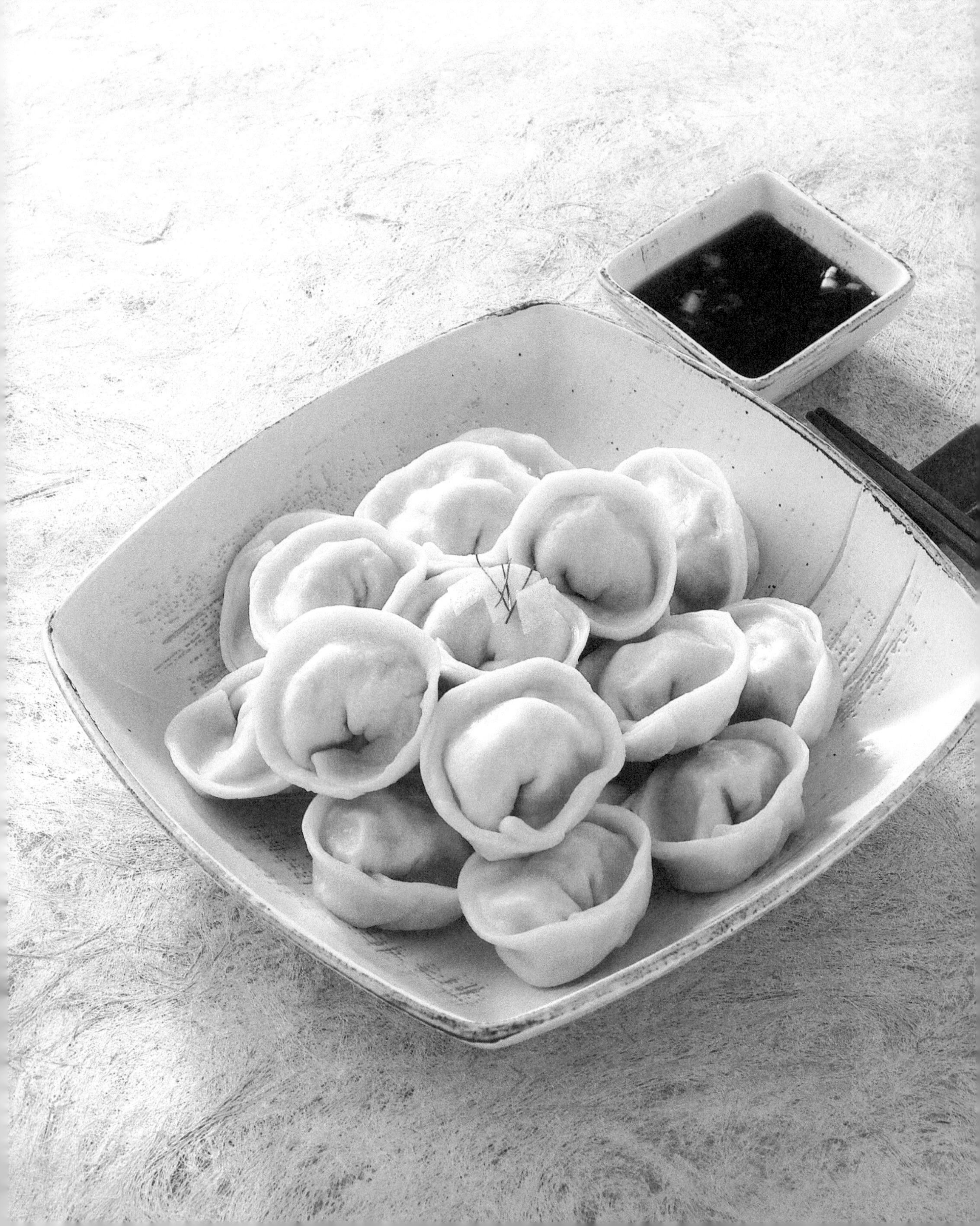

# Pyonsu de Gyesong *

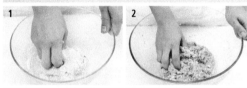

## Ingredientes

Masa de envoltura 220g de harina, 1 clara de huevo, cantidad adecuada de agua, 1 cucharilla de sal
Relleno 100g de carne de res, 100g de carne de cerdo, 150g de tofu, 100g de brotes de frijol mungo, 100g de baechu kimchi(repollo chino fermentado con salsa de pimiento coreana), 1 yema de huevo, sal a gusto
Aderezo para la carne 1 cuchara de salsa soya, 2 cucharas de cebolla verde picada, 1 cuchara de ajo picado, 2 cucharas de aceite de sésamo, 1 cuchara de sal con sésamo molido, 1 cucharilla de pimienta
Aderezo para el relleno 1 cuchara de camarón escabechado, 1 cucharilla de pimiento rojo en polvo, 1 cuchara de aceite de sésamo, sal a gusto

## Receta

1 Mezcle y tamize la harina y la sal. Agregue la clara de huevo y el agua y mezcle de manera uniforme hasta que se forme una masa. Envuelva la masa en un paño húmedo durante 30 minutos.

2 Las carnes de res y de cerdo deben ser picadas finamente y mescladas uniformemente con el aderezo.

3 Envuelva el tofu en un paño y aplaste con algo pesado para que quede finamente molido. Añada el camarón escbechado picado y mescle uniformemente con el aderezo hasta que quede de color rosado.

4 Sancoche los brotes de frijol mungo en agua hirviendo con sal. Escurralos y píquelos finamente.

5 Exprima el kimchi y cortelo en pedazos pequeños (0,5 cm).

6 Para completar el relleno, mezcle la carne, el tofu, los brotes de frijol mungo, y el kimchi con la yema de huevo y la sal.

7 Estire la masa (número 1) para formar una fina capa redonda de un grosor de 0,3cm, y un diámetro de 6cm.

8 Ponga una cucharada del relleno en el medio de la masa estirada y doble la masa por la mitad en forma de media luna y pegar las orillas. Recoja y junte las dos puntas de la media luna dandole una forma de sombrero redondo. Ponga en agua hirviendo, y enjuague en agua fría cuando empiezen a flotar.

9 Se sirve en un plato después de escurrirlo, acompañado de salsa chojang(salsa coreana de pimiento rojo con vinagre); o también en sopa de tofu, hervido un poco más y adornado con capas finas de carne y claras y yemas de huevo fritas separadamente.

## Nota.

"Mandu" llegó a Corea desde China, y se propagó a la región norte de Corea. Hasta hoy en día, la gente de las regiones del sur no cocinan este plato muy a menudo.En el "Goryeosa (Historia de Goryeo)", se menciona alguien que fue castigado por entrar en una cocina para robar Mandu durante el cuarto año del reinado de Chunghae. Teniendo en cuenta esto, se puede saber que también se comía Mandu en Corea durante la era de Goryeo. En la provincia de Gyeonggi y Seúl, se refería al Mandu como Pyeonsu ya que se preparan hervidos en agua.

---

* Los mandus también son bien conocidos en los países donde se habla Inglés como «dumplings». Además de los mandus coreanos, el dim sum (chino) o gyoza (japonés) también son bien recibidos en el exterior.

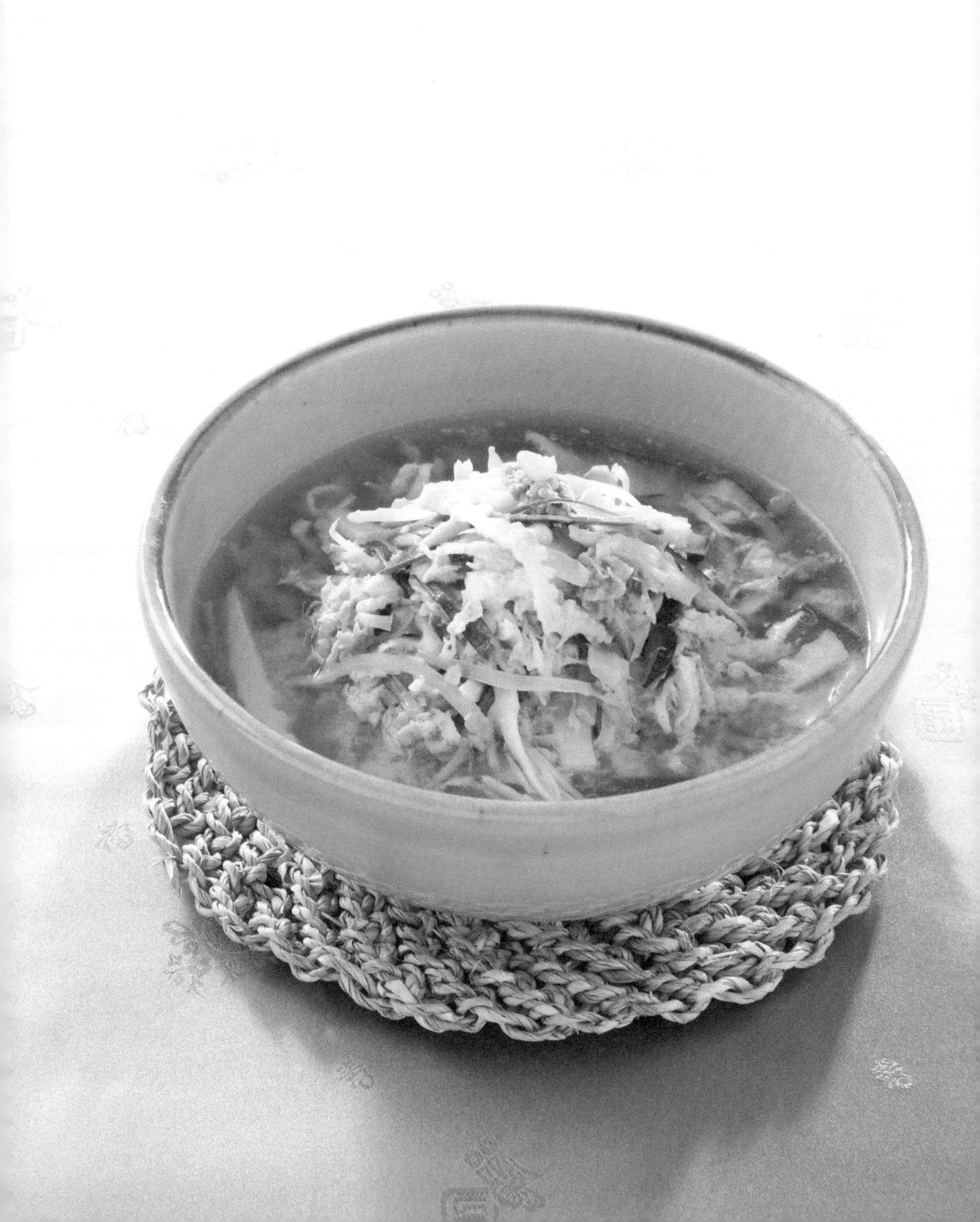

# Chogyo tang
## (Sopa de pollo para el verano)

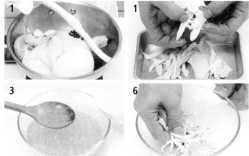

### Ingredientes

1kg de Pollo, 80g de raíces de campanilla china, 50g de perejil, 100g de brotes de bambú, 110g de harina, 100g de huevos, 30g de cebolla verde, 10g de pimiento rojo, 100g de carne, 10g de setas shiitake, 2L (10 tazas) de caldo (de pollo) y 1/2 cucharada de aceite de sésamo, salsa de soya, salsa de anchoa escabechada, sal y pimienta a gusto

Caldo de pollo 2,6L de agua, 20g de jengibre, 30g de ajo, 100g de cebolla
Aderezo para la carne y setas 1 cuchara de salsa soya, 1 cuchara de cebolla verde picada, 1/2 cuchara de ajo molido, 1/2 cuchara de azúcar, 1/2 cuchara de aceite de sésamo, pimienta a gusto
Aderezo para el pollo 1 cucharilla de sal, 1 cuchara de cebolla verde picada, 1/2 cuchara de ajo molido, 1/2 cuchara de aceite de sésamo, 1 cucharilla de jengibre, pimienta blanca a gusto

### Receta

1 Límpie el pollo y hiervalo con el jengibre, el ajo y la cebolla. Quítele la piel al pollo, separe la carne de los huesos. Ponga la carne a un lado. Ponga los huesos en el caldo. Hierva el caldo de nuevo y elimine la grasa del caldo. Saque los huesos para mantener el caldo claro.
2 Desgarre las raíces de campanillas en trozos finos y frotelas en sal para quitarles el sabor amargo. Corte el perejil a 3cm de largo y sancóchelo en agua hirviendo. Corte los brotes de bambú en rodajas finas y sancochelos. Póngalos a freir y córte el pimiento rojo (3 x 0,3 x 0,3 cm).
3 Mezcle la carne de pollo, las raíces de campanillas, y el perejil con el aderezo.
4 Pique la carne de res. Ablande las setas en agua y córtelas a un grosor de 0,3 cm. Mezcle con el aderezo de carne.
5 Añada la harina y los huevos a todos los ingredientes sazonados y amáselo bien. Añada la cebolla verde y mezcle la masa cuidadosamente para que no se haga puré.
6 Sazone el caldo ligeramente con la salsa de soya, salsa de anchoa escabechada, y la sal mientras hierve. Añada la masa una cuchara a la vez. Apague el fuego cuando se vean las bolas de masa flotando en el caldo. Rocíe con aceite de sésamo y pimienta.

# Byeongeo gamjeong
## (Estofado de palometa plateada)*

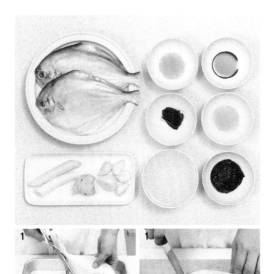

### Ingredientes

480g de palometa plateada

Para el caldo 200 ml caldo de anchoa, 3 cucharas de gochujang(salsa picante coreana de pimientos rojos), 1/2 cuchara de doenjang (salsa coreana de soya fermentada), 1/2 cuchara de salsa de anchoa escabechada, 1/2 cuchara de la salsa soya

Aderezo 2 cucharas de cebolla verde cortada en tiras, 1 cuchara de ajo cortado en tiras, 2 cucharillas de jengibre cortado en tiras, 2 cucharillas de aceite de sésamo

### Receta

1 Quite las escamas y las tripas del pescado y déle cortaduras a la carne.

2 Corte en tiras las cebollas, el ajo, y el jengibre y mezcle con los otros ingredientes del aderezo.

3 Ponga el gochujang, el doenjang, anchoa escabechada y salsa soya en el caldo de anchoas, y deje hervir. Luego añada la palometa y cocínelo a fuego lento.

4 Siga hirviendo asegurandose que el pescado esté bien mojado con el caldo. Añada el aderezo y siga hirviendo hasta que el caldo se ponga espeso.

### Nota.

El gamjeong (estofado) tiene menos caldo y es más espeso que el jjigae (guiso), y a veces se come envuelto en lechuga (sangchussam). La palometa puede ser reemplazada coilia-ectones o corbina amarilla.

* El pescado estofado parece tener una mejor recepción que el pescado guisado.

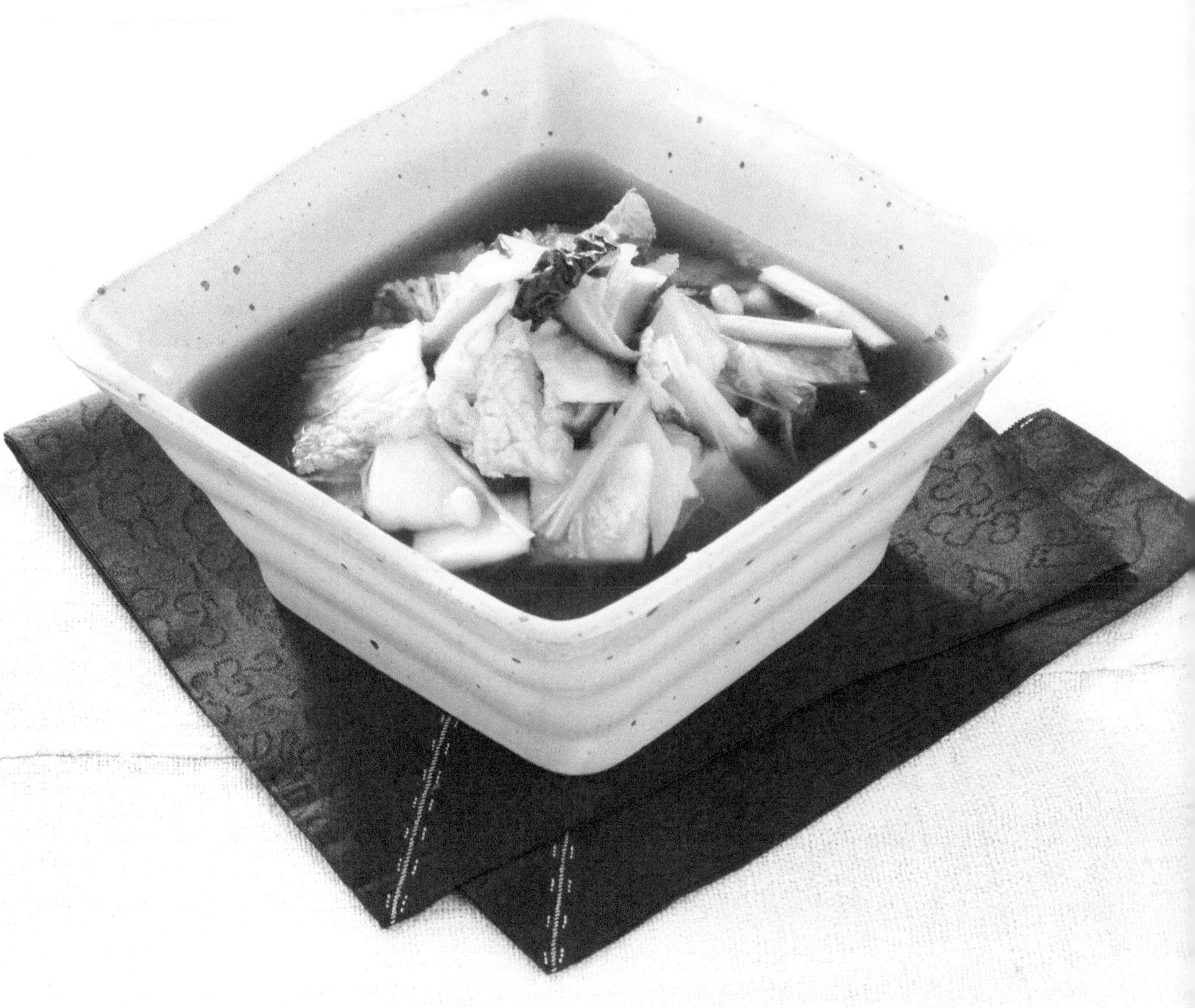

# Jang Kimchi*

## Ingredientes

400g de repollo chino, 150g de rábano, 100g de perejil, 150g de hojas de mostaza, 50g de cebollas verdes pequeñas, 10g de setas shiitake, 3g de líquenes maná, 100g de castaños, 20g de azufaifo, 140g de caqui, 370g de pera, 30g de ajo, 10g de jengibre, 1 cuchara de piñones, 1/2 taza de salsa de soya

Salsa 1/2 taza de salsa de soya, 1,2L de agua, 3 cucharas de miel (o azúcar)

## Receta

1 Quite la piel exterior del repollo chino. Quite cada hoja, lave y córte en trozos de 3.5cm x 3cm.

2 Elija rábanos duros y que no esten marchitados. Lávelos bien, y píquelos en trozos un poco más pequeños que los del repollo chino.

3 Eche la salsa de soya a mezclar con el repollo y los rábanos. Revuélvalo bien y déjelo adobando un rato.

4 Límpie las hojas de mostaza y el perejil. Corte los tallos a 3.5cm. Remoje en agua las setas shiitake, luego corte en tiras de 0,2cm en grosor.

5 Corte los castaños a 0,3cm de grosor. Quíte las semillas de los azufaifos y córtelos verticalmente en 3 pedazos.

6 Pelar los caquis y las peras en un corte similar a los rábanos.

7 Corte la cabeza de la cebolla verde a 3,5 cm de largo. Corte en tiras finas el ajo y el jengibre.

8 Corte la cabecita de los piñones y limpielos con un paño seco.

9 Mezcle bien todos los ingredientes y deje adobar por un día. Luego, eche la salsa ya preparada aparte.

## Nota.

El Jang Kimchi tiene como caracteriística el sabor dulce y sabroso del rábano y el repollo chino adobados en salsa de soya. Se fermenta rápido, asi no se puede dejar por mucho tiempo. Cuando el clima está fresco, madura en aproximadamente 4-6 días, y en el verano sólo tarda 2 días. Pero el Jang Kimchi sabe mejor en otoño e invierno. Se sirve adornado con piñones. Se sirve más en grandes mesas de comedor (con muchos invitados) que en mesas pequeñas. También combina bien con tteokguk (sopa de masitas de arroz).

---

* Mantiene un alto nivel de preferencia porque tiene fruta y no es picante.

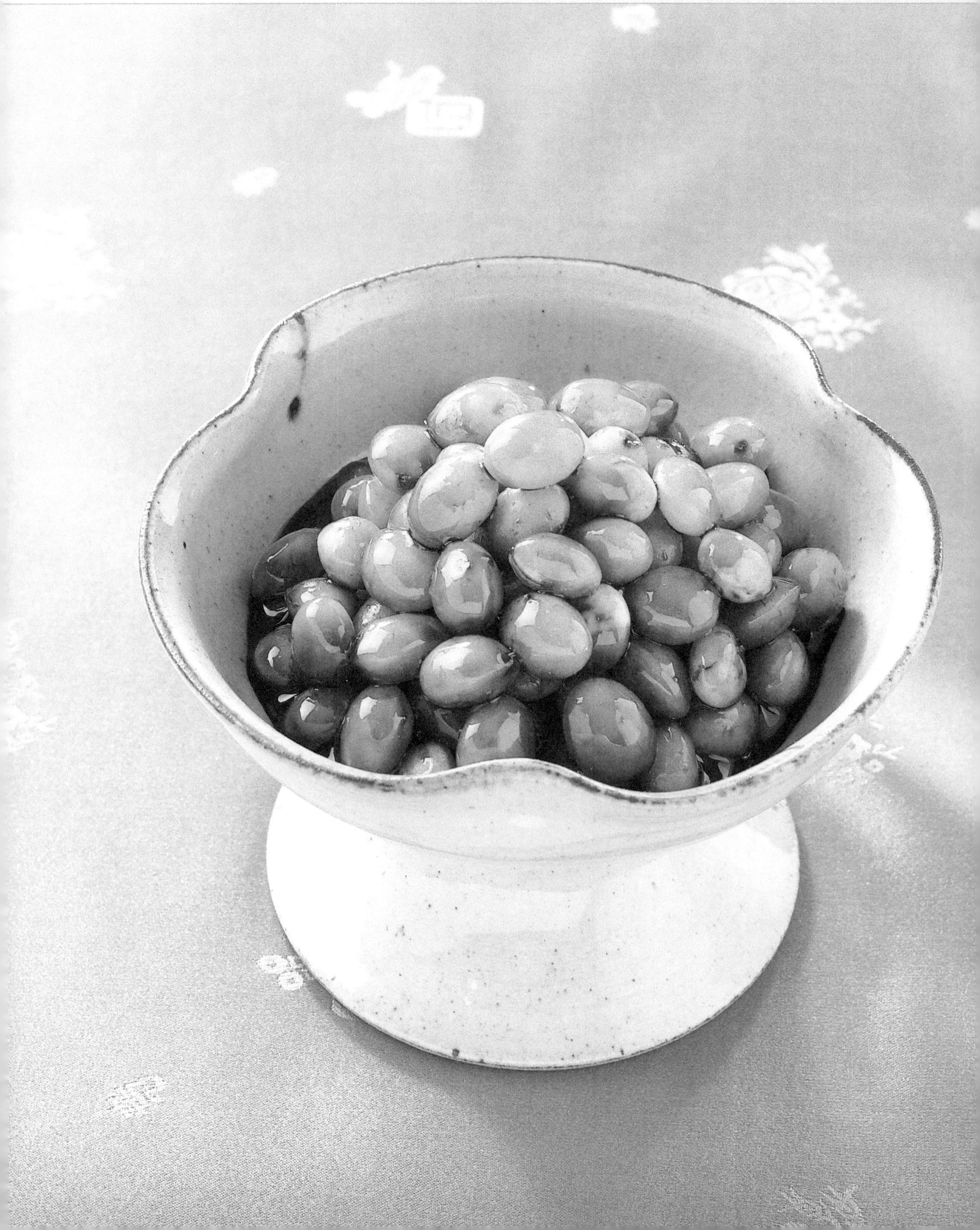

# Eunhaeng jangjorim
## (Estofado de Ginkgo en salsa de soya)

### Ingredientes

500g de ginkgo, 1/2 cuchara de aceite

Aderezo 1 1/2 taza de salsa de soya, 1/3 taza de almíbar de maíz, 1/3 taza de azúcar, 3 cucharas de sake, 100ml de agua, un poco de aceite de sésamo

### Receta

1 Enjuague los ginkgos en agua, saltéelos y quíteles las cáscaras. Límpielos con un paño seco.

2 Ponga a hervir la salsa de soya, el almíbar de maíz, el azúcar, el agua, y el sake. Cuando la midad de la salsa se evapore, añada los ginkgos.

3 Reduzca el fuego. Apague el fuego cuando los ginkgos estén cocidos y se vean brillantes.

4 Espolvoree ligeramente con aceite de sésamo antes de comer.

# Honghapcho
## (Guiso de mejillones)

### Ingredientes

300g de mejillones sin concha, 50g de carne de res (cadera), 1/2 cuchara de miel, 1/2 cuchara de aceite de sésamo, 1/2 cuchara de piñones picados, 1/2 cuchara de almidón, 1 cuchara de agua

Aderezo para la carne 1 cucharilla de salsa de soja, 1 cucharilla de cebolla verde picada, 1/2 cucharilla de azúcar, 1/2 cucharilla de ajo picado, 1 cucharilla de aceite de sésamo, un poco de pimienta negra

Salsa para el guiso 10g de cebolla verde (la parte blanca), 20 g de ajo, 10g de jengibre, 2 cucharas de salsa de soja, 5 cucharas de zumo de pera, 1 cuchara de jarabe de granos, un poco de pimienta

### Receta

1 Hierva ligeramente los mejillones en agua salada y escurralos.
2 Corte la carne de res en tiras y sazone con el aderezo y salteelo hasta que quede seco y deje enfriar.
3 Corte la parte blanca de la cebolla verde y el jengibre en tiras finas de 2 cm de largo y corte el ajo en rodajas de un espesor de 0,2 cm.
4 Caliente la sartén y cubra on un poco de aceite. Ponga a freír la cebolla, el ajo, el jengibre y añada la salsa para el guiso. Siga guisando hasta que la salsa se reduzca a la mitad.
5 Añada los mejillones a la salsa, y luego añada la carne a fuego lento y siga guisando hasta que la salsa se evapore. Disuelva el almidón en agua y cubra ligeramente sobre el guiso.
6 Para terminar, añada la miel y el aceite de sésamo, y cubralo con los piñones.

### Nota.

En Seúl hay muchos platos hechos con pescado seco o mariscos secos.

# Dubujeok
## (Tofu frito con carne de cerdo)*

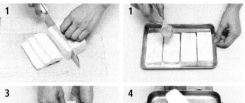

### Ingredientes

1kg de tofu, 150g de carne de cerdo, un poco de aceite

Aderezo para el tofu 1 cucharilla de sal, un poco de pimienta, 2 cucharas de almidón

Aderezo para la carne de cerdo 1 cuchara de salsa de soya, 1/2 cuchara de azúcar, 1 cuchara de cebolla verde picada, 1/2 cuchara de ajo, 1 cuchara de jugo de jengibre, un poco de pimienta

Salsa de soya y vinagre 1 cuchara de salsa de soya, 1/2 cuchara de vinagre, 1 cuchara de maesilcheong (almíbar de ciruela verde), 1cuchara de agua

### Receta

1 Escurrir el tofu apretándolo ligeramente, y córtelo en rebanadas de 7mm en grosor. Sazone con sal y pimienta, y luego cubra con el almidón.

2 Sazone la carne de cerdo molida con el aderezo ya preparado.

3 Esparcir una capa fina de la carne de cerdo sazonado uniformemente en un lado del pedazo de tofu.

4 Ponga aceite en un sartén. Ponga a freir el lado de la carne primero, y luego el otro lado.

5 Sirva con la salsa de soya y vinagre

### Nota.

Se dice que el tofu fue inventado por el príncipe Liu An de la dinastía Han, alrededor del segundo siglo AC.Se presume que se introdujo a Corea durante la Dinastía Tang de China. En tiempos antiguos, el tofu fue llamado Po (泡). y durante la dinastía de Joseon de Corea, el templo encargado de fabricar el tofu se llamaba Joposa (造泡寺).

* En estos días el tofu (tofu) es muy popular en los Estados Unidos y Gran Bretaña. Se prefiere el tofu en bloques, más que el tofu blando.

# Jeyuk-jeonya
## (Cerdo frito con harina)

### Ingredientes

600g de carne de cerdo (pierna), 110g de harina, aceite, agua, 1/3 cucharilla de sal

### Receta

1 Hierva la carne de cerdo y póngalo en un plato. Aplaste ligeramente la carne y córtela en tajadas.

2 Mezcle bien la harina y la sal con el agua.

3 Ponga aceite en un sartén calentado y recoga un cucharón de la masa y pongalo en el sartén. Ponga unos trozos de la carne sobre la masa y cúbralo con otro cucharón de la masa. Déle vuelta y siga friendo hasta que la masa quede doradita.

4 Córtelo en tamaño de bocadito. Pónga los pedazos de cerdo en un plato, y listo para servir.

### Nota.

También se puede hacer rodajas de carne de cerdo adobada con sal y pimienta, cubrirlas con harina y huevo batido y freir como panqueques de carne.

# Tteokjjim
## (Masas de arroz al vapor)

### Ingredientes

500g de garaetteok (varas de masa de arroz), 200g de pierna de res, 200g de falda de res, 100g de carne cortada en tiras, 100g de rábano, 100g de zanahoria, 15g seta shiitake seca, 50 g de perejil, 50g de huevos, 20g de ginkgos, 200ml de caldo de res (pecho)

Aderezo para la pierna y la falda de res 1 cuchara de salsa de soya, 1 cuchara de cebolla verde picada, 1/2 cuchara de azúcar, 1/2 cuchara de ajo picado, un poco de pimienta, 1 cuchara de aceite de sésamo

Aderezo para la carne cortada en tiras 1 cuchara de salsa de soya, 1 cuchara de cebolla verde picada, 1/2 cuchara de ajo picado, 1/2 cuchara de azúcar, un poco de pimienta, 1 cuchara de aceite de sésamo

Salsa acompañante salsa de soya, semillas de sésamo, azúcar, aceite de sésamo

### Receta

1 Hierva las carnes de falda y pierna hasta que queden completamente blanditas y escurralas. Corte la carne en trozos grandes y sazonela.

2 Corte las setas ablandadas en agua en tiras y mezcle con la carne de res cortada en tiras.

3 Core el garaettok en trozos de 5 cm de largo y córdelos de nuevo en 4 trozos iguales. Si están duras, ablandelas en agua hirviendo.

4 Sancoche ligeramente los rábanos y zanahorias y corte al mismo tamaño que las masas de arroz. Corte el perejil a 4cm de largo. Pele la cáscara interna del ginkgo.

5 Separe las claras y yemas de los huevos y pongalos a freir en al sartén separadamente en capas finas y córtelas en forma de diamante (2 cm de ancho).

6 Empieze a saltear la carne y setas shiitake sazonadas. Luego agregue las carnes de falda y pierna, los rábanos, y las zanahorias. Eche el caldo sobre los ingredientes y cocine a fuego lento.

7 Cuando el caldo se reduzca a la mitad, añada las masas de arroz y los ginkgos. Mézclelo bien y sazone a gusto.

8 Añada el perejil justo antes de apagar el fuego. Ponga en un plato y adorne con las tiras de huevos.

# Bukeo jjim
## (Abadejo seco al vapor)

### Ingredientes

70g de abadejo de Alaska seco, un poco de aceite de sésamo

Aderezo 2 cucharas de salsa de soya, 2 cucharas de azúcar, 2 cucharas de cebolla verde picada, 1 cuchara de ajo picado, 1/2 cucharilla de jengibre picado, 2 cucharas de pimiento rojo en polvo, 1 taza de zumo de pera, 1 cucharilla de pimienta negra

### Receta

1 Prepare el abadejo remojado y cortado en pedazos de tamaño adecuado.

2 Prepare el aderezo con los ingredientes en la cantidad indicada.

3 Moje el abadejo en el aderezo del paso 2 y póngalo en una olla de vapor. Deje cocinar hasta que la salsa se encoja.

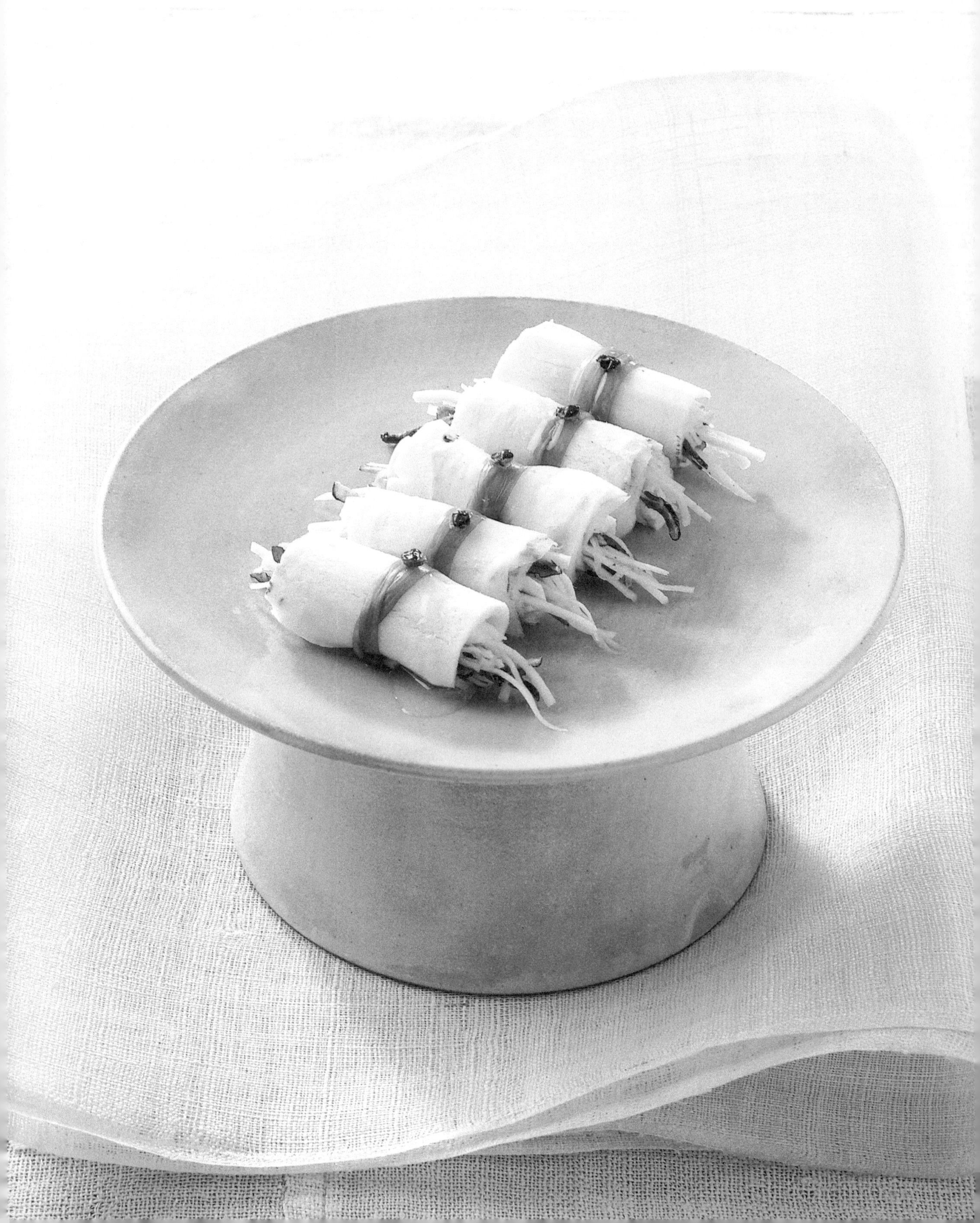

# Susam ganghoi
## (Rollos de ginseng fresco)*

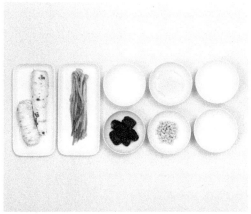

### Ingredientes

5 raíces de ginseng fresco, 10g de azufaifo, 5 tallos de perejil, 1cuchara de azúcar, 1 cuchara de vinagre, 1/2 cucharilla de sal, 2 cucharas de miel, unos cuantos piñones

### Receta

1 Escoja las raíces de ginseng fresco de tamaño mediano. Lávelas bien.
2 Corte 2 raíces de ginseng fresco a 4 cm de largo. Dejar en agua mezclada con la sal, el azúcar, y el vinagre.
3 Quitele las pepas a los azufaifos y córtelos en tiras.
4 Ponga las tiras de azufaifo enlos trozos de ginseng fresco y enrollelos. Decorelos con trozos pequeños de azufaifo.
5 Corte el resto del ginseng fresco a trozos de 1cm x 3,5cm. Pongale las tiras de azufaifos y amárrelos con perejil sancochado.
6 Se sirve con miel o con gochujang con vinagre.

---

* Ginsengs como el ginseng fresco tienen fama de ser alimento saludable. Es bastante popular a pesar de tener un sabor amargo.

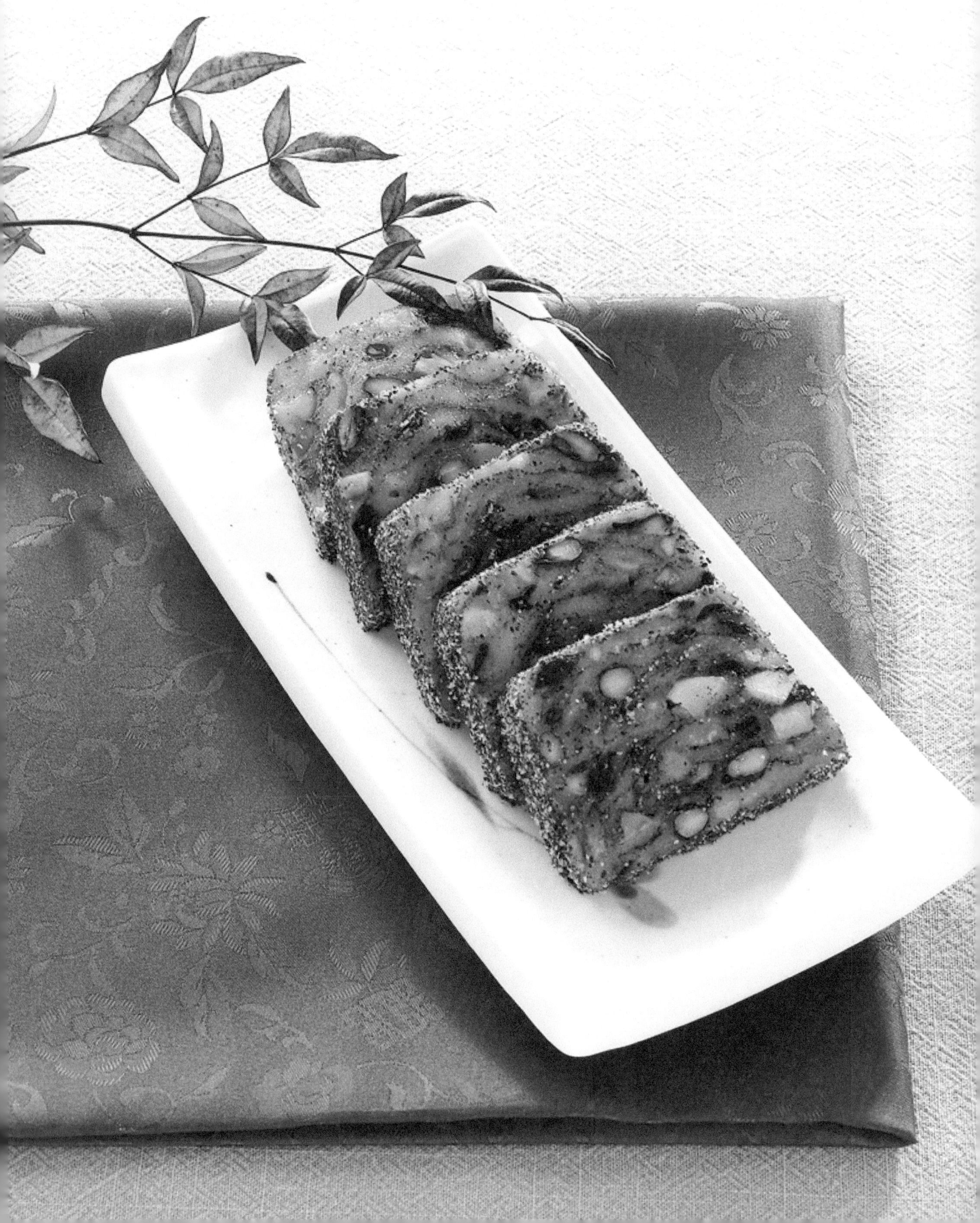

# Gureumpyeon

## Ingredientes

1kg de harina de arroz glutinoso, 1 taza de frijol adzuki en polvo, 100 ml de agua con azúcar, 100g de azufaifos, 200g de castañas, 40g de nueces, 1/2 taza de habichuelas rojas, 35g de piñones, agua, y azúcar a gusto

## Receta

1 Mezcle la harina de arroz glutinoso con el agua.

2 Lave las habichuelas rojas y ponga a hervir hasta que queden blandas. Escurralas en un colador y saltelas en un sartén para eliminar el líquido sobrante (rocíelas con agua con azúcar y escurralas justo antes de usar).

3 Cocine las castañas ligeramente al vapor y prepárelas enteras y peladas. Quítele las semillas a los azufaifos y córtelos en 2 o 3 pedazos. Remoje y hierva las habichuelas rojas.

4 Limpie los piñones con un paño. Pele la cáscara interior de las nueces y córtelas en 2.

5 Combine todos los ingredientes de los pasos 3 y 4, y cócinelos en agua azucarada.

6 Mezcle bien los ingredientes del paso 5 con la masa de arroz del paso 1, y cocine a vapor.

7 Espolvoree el polvo de frijol rojo en un molde cuadrado. Tome algunas piezas de los pasteles de arroz glutinoso, cubralas con el polvo de frijol rojo y presione el molde con la mano. Coloque una olla pesada sobre el molde por 2 o 3 horas para obtener una forma hermosa.

8 Extraiga el pastel de arroz del molde y corte en tamaños de bocaditos.

# Duteoptteok

(Bonguritteok, Hubyeong: Torta de arroz al vapor con frijol adzuki y frutos secos)

## Ingredientes

Polvo de Duteoptteok 500g de harina de arroz glutinoso, 1 1/2cuchara de salsa de soya, 3 cucharas de azúcar, 3 cucharas de miel

Pasta de frijoles Azuki 4 tazas de frijoles Azuki pelados, 2 cucharas de salsa de soya, 4 cucharas de azúcar, 5 cucharas de miel, 1/2 cucharilla de canela en polvo, un poco de pimienta negra

Relleno del pastel castaña 100 g, 50g de azufaifo, 40g nueces, 25g de piñones, 1/2 cuchara de almíbar de citrón

## Receta

1 Lave el arroz y dejelo 6 horas mojando. Deje secando 30 minutos y muela sin añadir ningun condimento.

2 Ponga salsa de soya en la harina de arroz y mezcle uniformemente. Tamize en un tamiz mediano y mezcle con azúcar y miel.

3 Remoje los frijoles bastante tiempo para ablandarlos. Quítele las cáscaras y lavelos bien. Ponga un paño de algodon húmedo dentro de una olla de vapor y ponga los frijoles dentro. Cocínelos bien en el vapor.

4 Eche los frijoles cocidos en un recipiente grande. Muelalos un poco y tamizelos. Ponga el resto a moler y mezcle en una licuadora.

5 Añada la salsa de soya, el azúcar, la miel, la canela en polvo y pimienta negra al frijol rojo tamizado y mezcle bien. Fria ligeramente en un sartén y tamize una vez más.

6 Corte las colas de los piñones. Corte las castañas y azufaifos en trozos del mismo tamaño que los piñones. Pele las cáscaras de las nueces y píquelas. Pique los contenidos sólidos del almíbar de citrón.

7 Eche el almíbar de citrón a los ingredientes en el paso 6 y mezclos bien. Haga bolitas de 1cm con la masa y aplástelas ligeramente.

8 Coloque los frijoles azuki en polvo del paso 5 en una gran vaporera en una forma cuadrada. Ponga una cucharada de los ingredientes del paso 2 encima. Coloque las bolas del paso 7 encima y cubra con los ingredientes del paso 2 otra vez. Cocínelo a vapor.

9 Después de 15 minutos, reduzca el fuego y deje cocinar por 5 minutos más. Coloque la torta cocida en un plato y unte con el resto de los frijoles azuki y cubralo con un paño hasta que se enfríe.

## Nota.

Esta torta tradicional coreana de arroz era un deber-tener en el palacio de los cumpleaños de los reyes. El método de cocción se registra en el 「Jeongrye euigwe」, 「Jinchan euigwe」 y en otros. Duteop tteok (una especie de torta de arroz al vapor) es una torta de arroz típica de la Cocina Real de Corea hecha con harina de arroz sazonado con salsa de soya. Su nombre original era "torta de arroz coreana Bonguri ("cumbre")" y se escribe como Hubyeong (厚餠) en letras chinas.

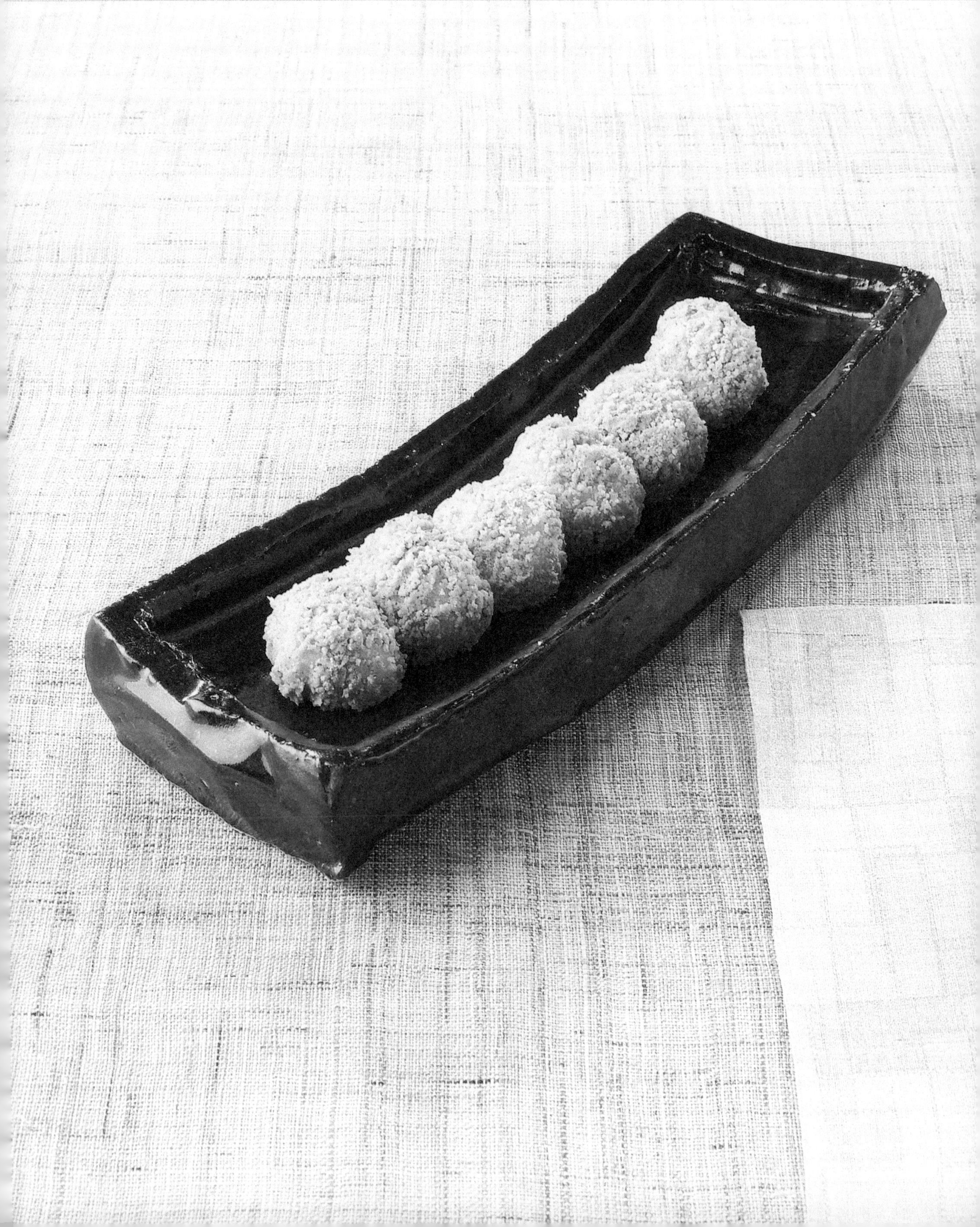

# Bam danja
## (Bolas de arroz dulces con castañas)

### Ingredientes

330g de arroz, 160g de castañas, 1/2 taza de canela en polvo, 1 cuchara de tiras de mandarina (o citrón), 1 cuchara de miel, agua, un poco de sal

### Receta

1 Suavize el arroz glutinoso en agua durante no menos de 2 horas. Escurra y muela el arroz hasta que quede como harina.

2 Coloque un paño de algodón húmedo en una vaporera, añada el polvo de arroz glutinoso. Cocine la harina en el vapor. Ponga en un tazón grande bátalo con un palo o una cuchara.

3 Hierva las castañas en un poco de agua. Pele las cáscaras una vez frías y tamizelas para hacer castañas en polvo.

4 Para el relleno, pique finamente las tiras de mandarina. Combine las mandarinas picadas con 1/3 taza de castañas en polvo, canela en polvo y sal y mezcle bien. Haga pedazos de masa de 0,8 cm de diámetro.

5 Corte trozos del arroz glutinoso cocido al vapor en el paso 2 y conviértalos en piezas de torta de un tamaño similar a una castaña. Saque una cucharada del relleno del paso 4 y colóquelo en el centro de la torta de arroz. Por último cubra con miel y castañas molidas restantes.

# Woomegitteok
## (Juak de Gaeseong, o Woomegi torta de arroz)*

### Ingredientes

500g de harina de arroz glutinoso, 150g de harina de arroz no glutinoso, 1/2 taza de vino de arroz crudo (makgeolli), 1/3 tazas de azúcar, 2 cucharas de agua, 1/2 cuchara de sal, 2 tazas de aceite, una pizca de azufaifa
Para el almíbar 1 taza de almíbar de grano, 100ml de agua, 10g de jengibre.

### Receta

1 Mezcle la harina de arroz glutinoso con la harina de arroz no glutinoso. Tamize y mezcle bien con la sal y el azúcar.

2 Añada el vino de arroz crudo en la harina mezclada y revuelva bien. Añada un poco de agua hirviendo y bata durante mucho tiempo para hacer masa.

3 Retire la masa de 3 cm de diámetro, 1 cm de grosor de moda en la forma de la vuelta, arriba y abajo, toque da parte (un agujero es escasa). Forme la masa en bolas de 3 cm de diámetro y 1 cm de grosor. Presione ligeramente la parte superior y la parte inferior de las bolas.

4 Ponga a freir las bolas del paso 3 en aceite de cocinar a 180℃ hasta que el color se convierta en un marrón de oro. (Este es el woomegi).

5 Baje el fuego a 150℃ y cocine bien su interior.

6 Para el almíbar, añada el almíbar de grano, un poco de agua y el jengibre juntos y lleve a ebullición.

7 Remoje el woomegi cocinado en el jarabe del paso 6 por un tiempo y luego coloque en un plato plano.

8 Adorne el woomegi con azufaifos pequeños.

### Nota.

Woomegi es una torta de arroz tradicional coreana frita en aceite y cubierta con miel. Es fácil de hacer y no se endurece con facilidad. Woomegi es una torta de arroz coreana que se hacía a menudo, especialmente cuando el arroz era recién cosechado. Es conocido como la torta de arroz tradicional de Corea que se preparaba para las fiestas, hasta el punto de que hay un dicho que dice: "No hay fiesta sin Woomegi".

La masa debe estar bien comprimida. Se ve bien cuando se hace de forma redonda y aplastada el medio con el pulgar y se agrega un azufaifo cortado. No se endurece fácilmente por dos o tres días, y tiene un gusto excelente, por lo que es ideal como aperitivo o postre para los niños. También se le llama Gaeseongjuak.

---

* Es una masita frita bien recibida como aperitivo.

# Maejakgwa
## (Galletas fritas de jengibre)

### Ingredientes

110g de harina, 1/2 cuchara de sal, 1 cuchara de jugo de jengibre, 3~4 cucharas de agua, un poco de almidón, 3 tazas de aceite vegetal, 1 cuchara de piñones en polvo

Para el almíbar 150g de azúcar, 200 ml de agua, 2 cucharadas de miel, 1/2 cucharilla de canela en polvo

### Receta

1 Mezcle la sal con la harina y tamize. Luego agregue el agua y el jugo de jengibre y mezcle con la harina para hacer masa.

2 Espolvoree el almidón en un tablero de cocina. Ponga la masa del paso 1 sobre el polvo de almidón. Extienda la masa finamente y corte la masa en pedazos rectangulares de 5cm x 2cm. Haga 3 cortes en el centro de cada trozo de masa.

3 Empuje cada extremo de la masa a través del corte central para hacer una forma de cinta.

4 Para el almíbar, añada el azúcar y el agua y llevarlos a ebullición sin agitar. Cuando el azúcar se haya derretido, agregue la miel y hierva a fuego lento durante unos diez minutos. Por último, agregue la canela en polvo y mezcle bien.

5 Aumente la temperatura del aceite de cocina a 160℃. Ponga a freír las masas del paso 3 hasta que estén doradas (estos son los dulces).

6 Sumerja los dulces en el jarabe (el maejakgwa ya está hecho).

7 Decore el maejakgwa en un plato y espolvoree con los piñones en polvo.

### Nota.

Maejakgwa es una pastelería de aceite y miel hecha de una masa de harina amasada con sal y jugo de jengibre, aplanada, marcada ligeramente con un cuchillo y virada, luego frita y finalmente cubierta de miel. Es también conocida como Maejagwa, Maejatgwa, Maejapgwa, Maeyeopgwa y Taraegwa. El nombre viene de una combinación de las palabras albaricoque japonés (maehwa) y gorrión (jak), ya que la galletita se asemeja a un gorrion sentado en un árbol de albaricoque japonés.

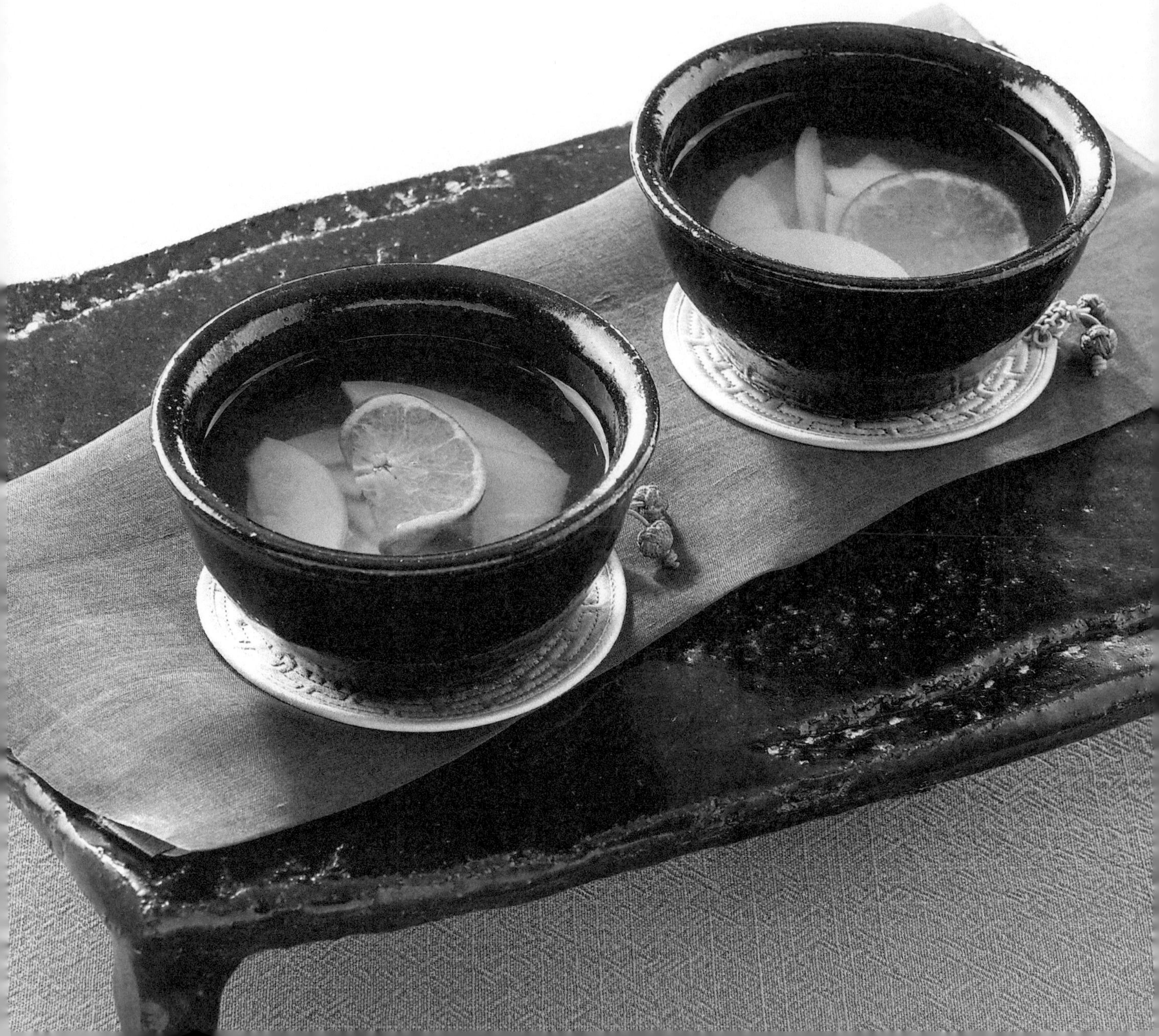

# Mogwa cheonggwa hwachae
## (Ponche de membrillo amarillo)

### Ingredientes

3kg de membrillos amarillos, 180g de mandarinas, 2 tazas de azúcar, 2 cucharas de piñones

### Receta

1 Pele los membrillos y corte en rodajas de 1cm.

2 Corte las mandarinas en trozos de 0,5 cm en grosor (sin pelar).

3 Espolvorear el azúcar sobre las piezas de membrillos amarillos y mandarinas. Acumule en un frasco o una botella de vidrio una sobre la otra. Vierta un montón de azúcar encima y sellelo bien.

4 20 días después, ponga los trozos de membrillo amarillo y de mandarina en un tazón y añadale agua. Agregue un poco de piñones y dejelos flotar como decoración.

# [ Gangwondo ]

La provincia de Gangwon está dividida por la cordillera de Taebaek en dos regiones: Yeongdong y Yeongseo. La región costera de Yeongdong tiene una abundancia de productos del mar, lo que resultó en el el desarrollo de la comida preservada como los escabechados y el Sikhye (un refresco dulce de arroz), y en el uso abundante de envolturas de algas, algas fritas y pecados. La región de Yeongseo está llena de areas remotas y montañosas.

Tiene una abundancia de comidas de productos agrícolas incluyendo las papas, el maíz, el trigo negro, el trigo, y la cebada. En esta región, el arroz se hace mezclado con otros productos agrícolas como papas, maíz, y mijo.

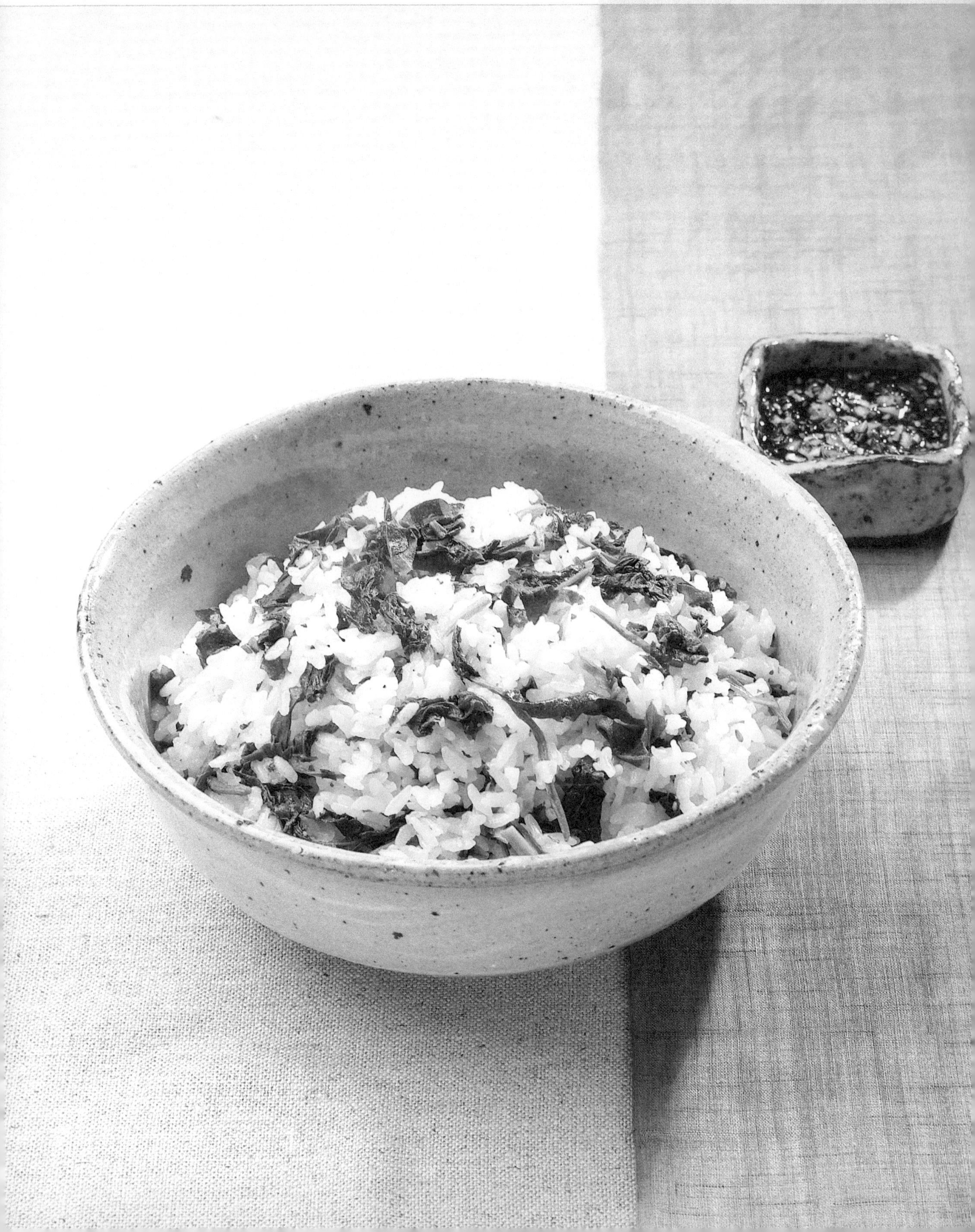

# Gondalbi bap

## (Gondeure bap, Gondeure namul bap, Arroz con Cirsium sazonado)

### Ingredientes

360g de arroz, 300g de Gondalbi (Gondeure o Cirsium), 470ml de agua, 2 cucharas de aceite de perilla, sal

### Receta

1 Lave el arroz a fondo y ablándelo en agua durante 30 minutos.

2 Sancoche el gondalbi, lávelo en agua fría y escurra el agua. Corte en trozos de 3cm a 5cm.

3 Sazone el gondalbi sancochado con el aceite de perilla y la sal.

4 Cocine el arroz.

5 Coloque el gondalbi sazonado encima del arroz y deje cocer durante unos minutos más. Mezcle bien y sirva el arroz con gondalbi.

### Nota.

Gondalbi es un vegetal silvestre del monte Taebaek, que crece en las tierras altas alrededor de 70m sobre el nivel del mar. Cuenta con un sabor sabroso, nutrientes abundantes, y una fragancia especial. Este vegetal también es conocido por haber ayudado a gente que no tenía mucho que comer, como es conocido en las letras de la canción popular tradicional coreana "Jeongseon arirang". Se recogen durante el mes de mayo.

# Jogamja bap
## (Arroz con mijo y papas)*

### Ingredientes

290g de mijo, 450g de papas, 470ml de agua

### Receta

1 Lave el mijo y déjelo remojar en agua durante 30 minutos.

2 Lave bien las papas y pélelas.

3 Coloque las papas y el mijo en una olla. Agregue el agua y ponga a hervir.

4 Cuando las papas estén cocidas, baje el fuego unos minutos más para cocinarlo bien. Aplaste las papas y mezcle bien con los mijos.

### Nota.

En el pasado, el mijo y las papas eran uno de los más importantes recursos alimentarios para los pobres. Los coreanos suelen eligió este mijo y la mezcla de papas en vez de arroz para aliviar el hambre.

* Las papas y los cereales hacen la textura más rugosa y crujiente

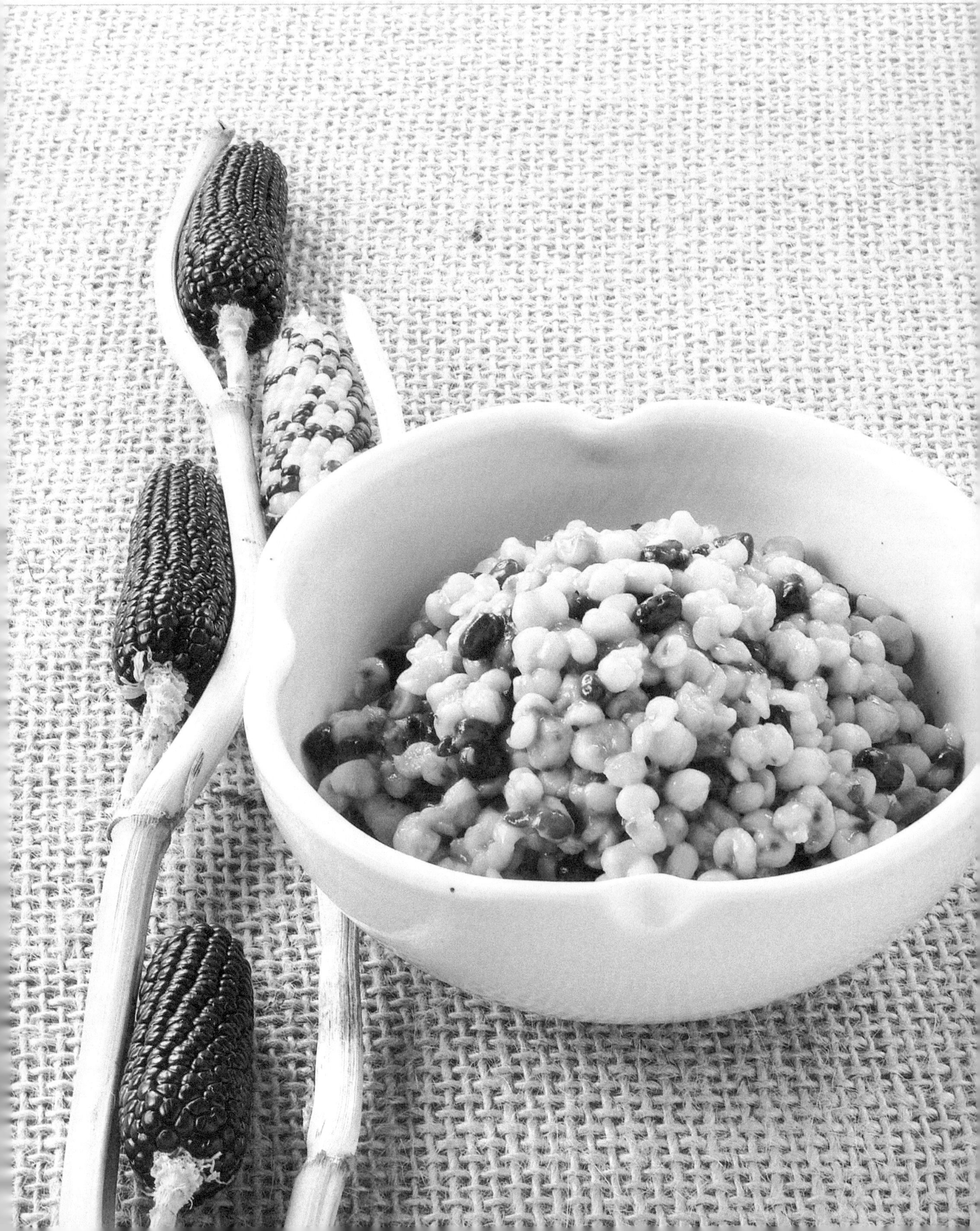

# Chal oksusu neunggeun bap
## (Arroz con Maíz)

### Ingredientes

290g de maíz neunggeun, 210g de frijoles rojos, agua, 1 taza de azúcar, sal

### Receta

1 Lave el maíz y ablándelos en agua durante la noche

2 Añada agua al maíz y al frijol rojo suavizado y póngalos a hervir.

3 Cuando el maíz esté cocido, sazone con sal y azúcar. Revuelva con una cuchara de madera, y a fuego lento teniendo cuidado de no quemarlos.

**Nota.**

"Neunggeum" se refiere a echarle de agua sobre el maíz y ponerlo al vapor por primera vez para pelar la cáscara.

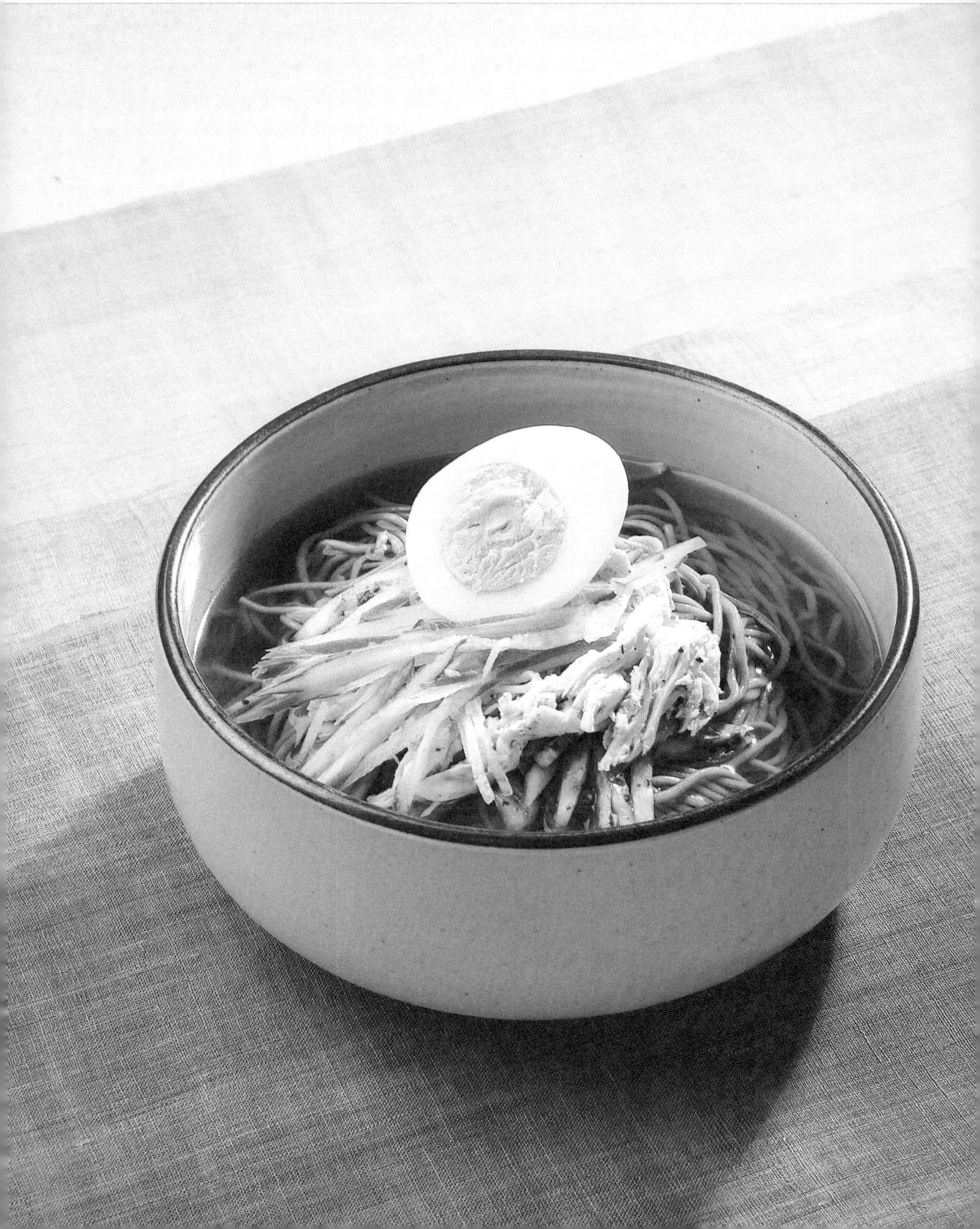

# Makguksu
## (Fideos de trigo negro con verduras)

### Ingredientes

2 1/2 tazas de trigo negro, 160g de harina, 400ml de caldo de dongchimi (caldo del kimchi de rábano frío), 1/2 cabeza de kimchi, 1/2 rábano de dongchimi (caldo del kimchi de rábano frío), 150g de pepinos , 50g de huevo, 200ml de agua para la masa, 1 cucharilla de ajo machacado, 1 cucharilla de aceite de sésamo, 1 cucharilla de sal de sésamo, salsa de soya, sal

Para el caldo de pollo 200g de pollo, 100g de rábanos, 10g de algas, 80g de cebolla verde, 10g de jengibre, 10g de cebolla verde, 2 ajos, 1L de agua

### Receta

1 Para hacer el caldo de pollo, agregue todos los ingredientes en una olla y lleve a ebullición. Deje que se enfríe y quítele la grasa. Añada el caldo de dongchimi y la sal. Triture la carne de pollo en trozos gruesos y sazone con ajo machacado, aceite de sésamo y sal de sésamo.

2 Mezcle bien la harina y el trigo negro. Agregue agua caliente a la mezcla y amase para hacer la masa para hacer fideos con una máquina de fideos.

3 Corte los pepinos en tiras y écheles sal. Exprima el exceso de agua. Corte el rábano del dongchimi en trozos finos y pique el kimchi en pedazos de 1cm.

4 Sancoche los fideos de trigo negro en agua hirviendo. Enjuague con agua fría y sacuda el exceso de agua.

5 Coloque los fideos sancochados en un tazón y adorne con las tiras de pepino preparadas, kimchi picado y rábano de donchimi, y tiras de huevo. Ponga el caldo en platos refrigerados y sazone con salsa de soya y sal.

# Chaemandu
## (Mandu de trigo negro)

### Ingredientes

3 tazas de harina trigo negro (o almidón), 150ml de agua, 200g de gat kimchi (kimchi de hojas de mostaza), 200g de muk-namul (namul desecado), 150ml de agua para la masa, aceite de perilla

Para el aderezo cebolla verde picada, ajo machacado, sal, aceite de sésamo, pimienta negra molida

### Receta

1 Mezcle la harina de trigo negro (o almidón) con agua caliente.

2 Pique el gat kimchi en trozos de 0,5cm de largo. Hierva el muk-namul y píquelo finamente. Agregue los condimentos y mezcle bien para hacer el relleno del mandu.

3 Amase la masa del paso 1 en una pequeña bola. Ponga el relleno y haga , sellando la masa con el relleno adentro.

4 Coloque los mandus en una olla a vapor y deje cocinar por 20 minutos. Aplique aceite de perilla en los mandus.

### Nota.

Lave el gat kimchi con agua y córtelo. Sírvalo con los mandus.

# Ojingeo bulgogi
## (Calamar a la parrilla)*

### Ingredientes

700g de calamar

Para el aderezo 3 cucharas de salsa de soya, 1 cuchara de azúcar, 1 cuchara de cebolla verde picada, 1 cuchara de ajo machacado

### Receta

1 Para el aderezo, mezcle bien la salsa de soya, el azúcar, la cebolla verde picada, y el ajo machacado.

2 Retire las tripas y patas del calamar. Retire la cáscara. Desplieguelo y hagale tajos de 1cm aparte. Adobar el calamar en el aderezo.

3 Ponga el calamar adobado en la parrilla.

4 Corte el calamar en trozos de 2cm de largo.

### Nota.

Para evitar que el calamar se pegue a la parrilla, aplique un poco de vinagre primero en la parrilla.

También puede añadir gochujang (pasta roja picante) al aderezo.

Utilice un calamar a medio secar para un sabor especial.

* Para productos marinos fuertes como el calamar, es mejor adobarlos como lo haría con bulgogi.

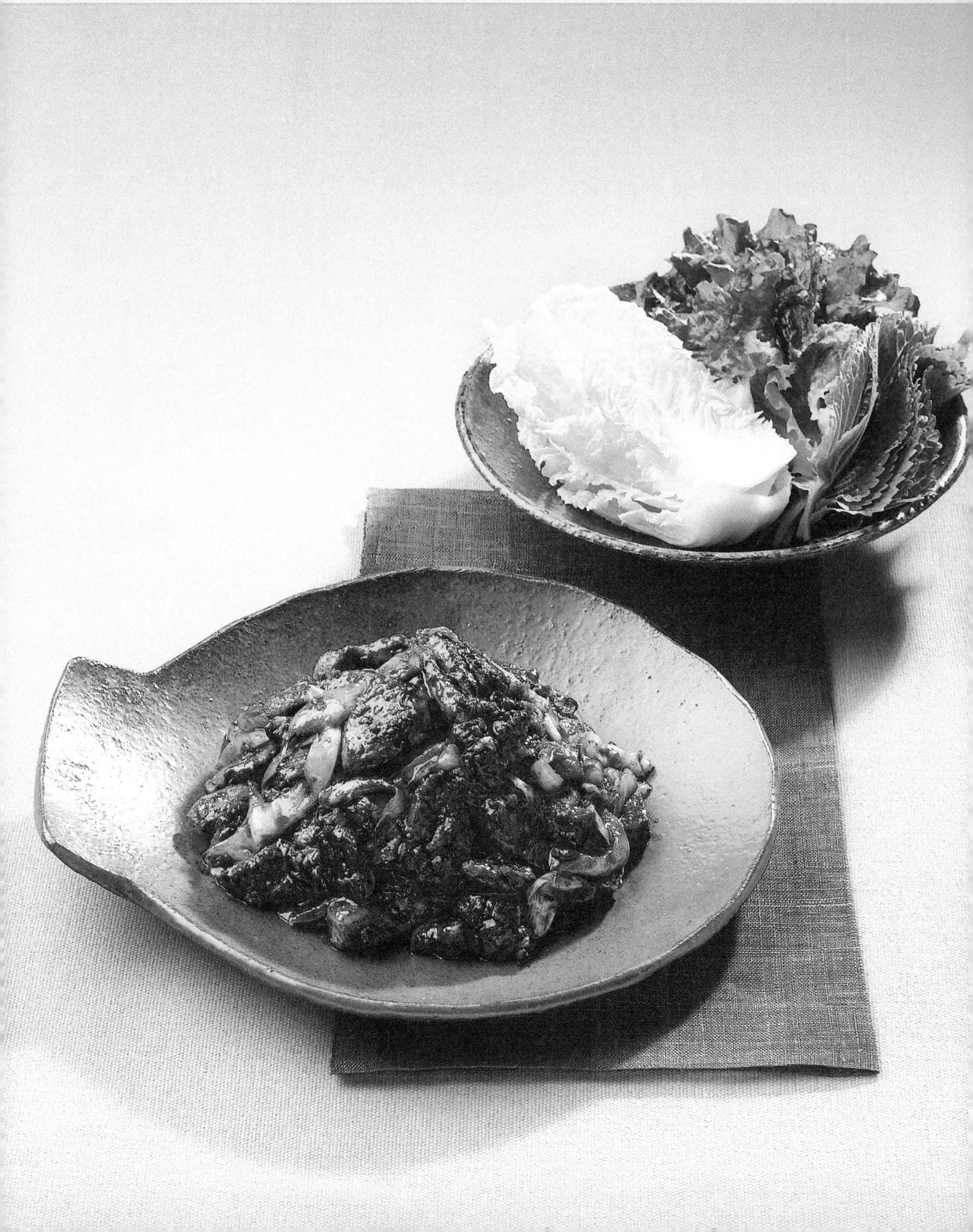

# Dak galbi
## (Costillas de pollo a la plancha)*

### Ingredientes

800g de pollo, 100g de repollo, 50g de batatas, 50g de cebollas, 70g de cebollas verdes, 30g de pimientos verdes picantes, 2 hojas de repollo chino, 10g de hojas de sésamo, algunas lechugas, Garae tteok (varas de masa de arroz), aceite vegetal

Para la salsa 2 cucharas de gochujang (salsa picante coreana de pimientos rojos), 1 cuchara de salsa de soya, 1 cuchara de pimiento rojo en polvo picante, 25g de ajo, 10g de jengibre, 1 cuchara de azúcar, 1 cucharilla de aceite de sésamo, 1 cuchara de vino de arroz refinado, 50g de peras, sal, una pizca de semillas de sésamo

### Receta

1 Lave el pollo bien y córtelo en varios pedazos.

2 Ralle las peras y pique finamente el ajo y el jengibre. Mezcle los ingredientes con el gochujang (salsa picante coreana de pimientos rojos).

3 Añada el gochujang (salsa picante coreana de pimiento rojos) al pollo y mezcle bien. Déjelo así por 7 a 8 horas.

4 Corte el repollo, las batatas, la cebolla, las cebollas verdes, los pimientos verdes picantes, y las hojas de repollo chino (5×0,5×0,5cm).

5 Cubra un sartén con aceite vegetal. Ponga las verduras, el garae tteok (varas de masa de arroz), y el pollo a saltear. Cuando el pollo esté bien cocido, se corta en tamaño de bocadito.

6 Limpie la lechuga y las hojas de sésamo bien y sirva con el pollo.

### Nota.

Hay una teoría que remonta el 'Chuncheon dakgalbi' a la época de la dinastía Shilla, hace unos 1.400 años. El término, 'dakgalbi' fue utilizado en Hongcheon primero. El dakgalbi de Hongcheon se hace en una olla y con caldo. Hasta la fecha, este plato se consume en Hongcheon y Taebaek. En Chuncheon, hubo dakgalbi al carbón que consiste de cocinar un pollo en una parrilla encima de un fuego de carbón. El plato se convirtió en Chuncheon Dakgalbi tal y como lo conocemos hoy en día cuando la plancha donde se cocina el dakgalbi surgió en 1971.

* El galbi es muy popular a la plancha o al sartén.

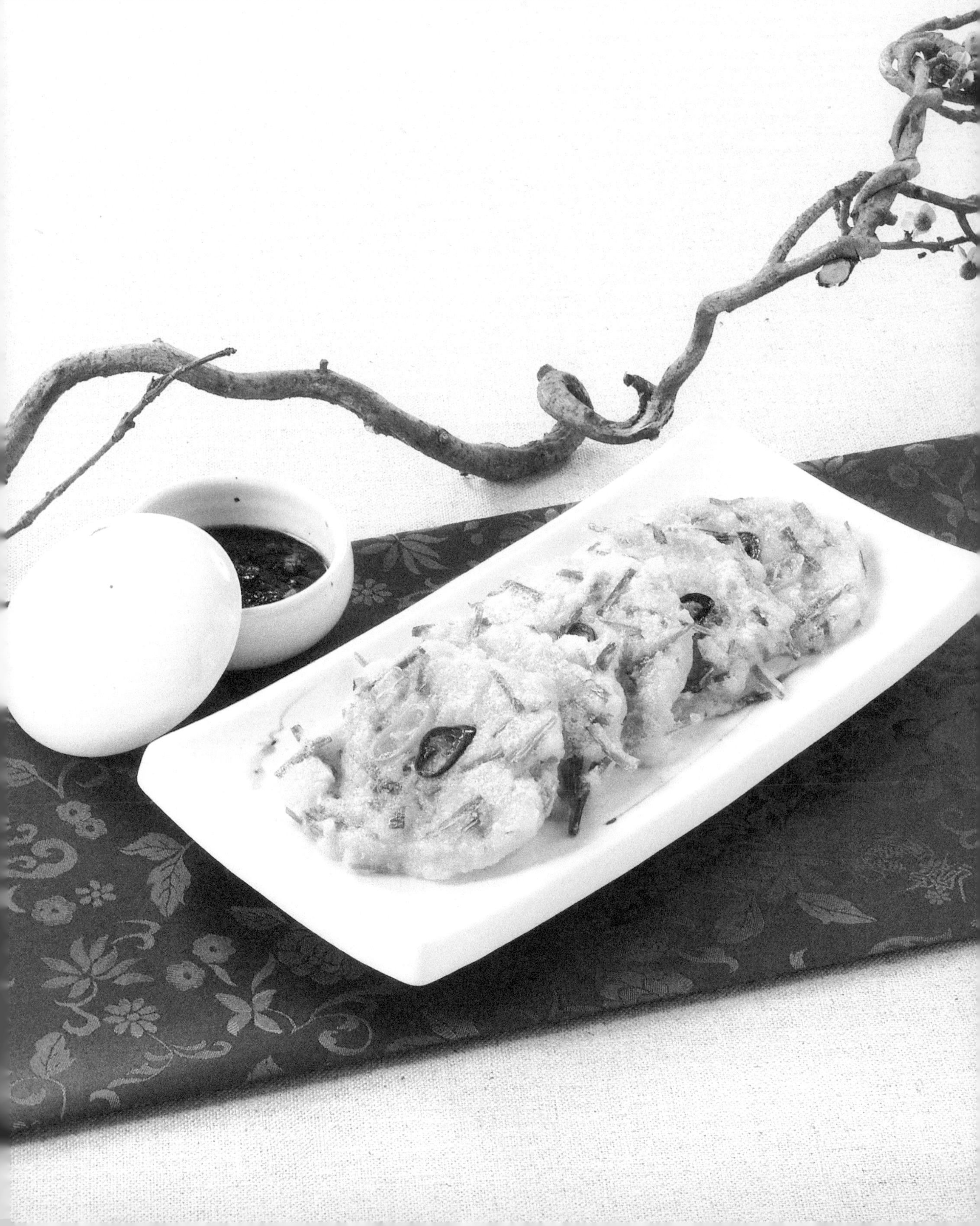

# Gamja jeon
## (Panqueques de papas)

### Ingredientes

1kg de papas, 50g de puerros, 20g de cebollas verdes pequeñas, 60g de pimiento rojo picante, 60g de pimientos verdes picantes, una pizca de sal, aceite vegetal

### Receta

1 Limpie y pele las papas y rállelas. Póngalas a un lado.

2 Corte los puerros y las cebollas verdes pequeñas en trozos de 2cm de largo. Pique los pimientos rojos picantes y pimientos verdes picantes. Enjuague con agua y despepítelos.

3 Combine las papas ralladas y el almidón, puerros y cebollas verdes y mezcle bien. Sazone con sal.

4 Eche un poco de aceite en un sartén caliente y saque una cuchara de la masa del paso 3 y deje caer en la sartén para hacer los panqueques. Adorne la masa con los pimientos rojos y verdes. Siga friendo dándole vuelta hasta que estén dorados.

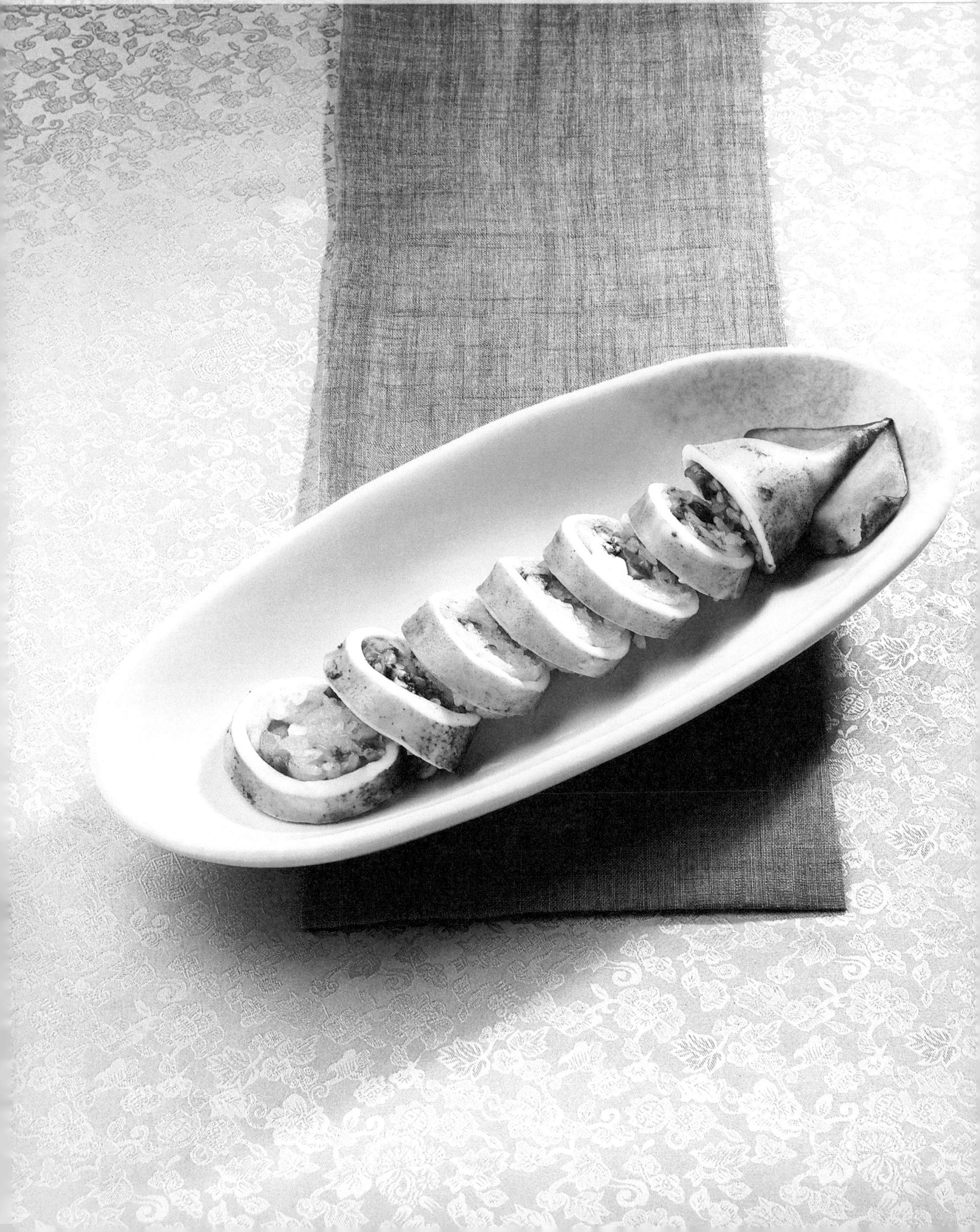

# Ojingo Sundae
## (Morcilla de calamar)

### Ingredientes

1kg de calamar, 100g de arroz glutinoso, 150g de almidón, 250g de huevos, 70g de raíz de bardana, 70g de pepinos, 70g de zanahorias, 2 cucharas de salsa de soya, sal, aceite de sésamo, un poco de caldo (anchoa, algas, agua)

### Receta

1 Elija calamar fresco. Meta la mano por donde están las patas para sacar las tripas y los huesos. Sazone el cuerpo del calamar con sal y luego lávelo bien y séquelo.
2 Separe las claras y yemas de los huevos y fríalos en capas finas.
3 Corte los huevos, el pepino, la zanahoria, y la bardana en tiras (6×0,5×0,5cm).
4 Remoje el pepino en agua salada, séquelo y saltéelo ligeramente. Hierva las zanahorias y saltéelas ligeramente. Guise la raíz de bardana en el caldo de anchoas mezclada con salsa de soya.
5 Lave el arroz glutinoso y deje remojar en el agua un buen tiempo. Cocínelo en una olla a vapor y sazone con aceite de sésamo y sal.
6 Echele el almidón en la parte de adentro de los calamares y sacúdalos. Llene el cuerpo del calamar con los huevos, pepinos, zanahorias y raíz de bardana.
7 Rellene el calamar con el arroz glutinoso cocido.
8 Clave el calamar transversalmente con brochetas y deje en la olla a vapor por 15 minutos.
9 Cuando se enfrie completamente, corte en rodajas a un tamaño adecuado.

### Nota.

En Gangwon-do se come mucho el calamar y el pulpo.

# Memil chong tteok
## (Panqueques de trigo negro)*

### Ingredientes

2 tazas de trigo negro, 600ml de agua, 1 cucharilla de sal, un poco de aceite vegetal

Para el relleno de los panqueques 300g de gat kimchi (kimchi de hojas de mostaza), 1 cuchara de cebolla verde picada, 1 cuchara de ajo molido, 2 cucharadas de aceite de sésamo, 2 cucharillas de sal de sésamo

### Receta

1 Sazone el trigo negro con sal. Eche el agua y mezcle bien.

2 Sacuda los condimentos del gat kimchi (kimchi de hojas de mostaza). Escurra el agua y corte el kimchi en trozos pequeños.

3 Añada la cebolla verde picada, aceite de ajo machacado, el sésamo y la sal de sésamo al gat kimchi picado y mezcle bien para hacer el relleno.

4 Eche aceite vegetal en una olla, recoja la mezcla de trigo negro en un cucharón y póngalo en la sartén. Extienda la mezcla haciendo una lámina fina.

5 Cuando un lado de la masa esté cocido, déle vuelta para cocinar el otro lado y ponga el relleno horizontalmente sobre 1/3 del panqueque. Siga friendo los panqueques con el relleno, rodándolo desde adelante.

### Nota.

El trigo negro se cultivaba mucho desde los tiempos antiguos hasta el punto de que fue registrado como una planta resistente en el 『Guhwang Byeokgokbang』, un libro publicado durante el reinado del Rey Sejong en el período de la Dinastía Joseon. Maemil chong tteok se menciona como 'Gyeonjeonbyeong' en el 『Yorok』 publicado en 1680. En el 『Jubangmun』 al final de los años 1600, fue llamado 'Gyeomjeolbyeongbeop'. El término 'Chong tteok' se utilizó por primera vez en 1938 en el libro 『La Cocina del período de la Dinastía Joseon』. El trigo negro, que es el ingrediente principal del Maemil Chong Tteok (torta de arroz tradicional coreana hecha con trigo negro), es uno de los cultivos típicos de la provincia de Gangwon. El trigo negro cosechado de las zonas de gravas en las alturas es muy bien reconocido por su calidad. El trigo negro crece sobre todo en las provincias de Gangwon y Gyeongbuk y es similar al 'Bingtteok' de la isla de Jeju.

En cuanto a los ingredientes para el relleno de panqueques, Neunjaengi namul ("vegetales sazonados") u hojas de pimienta secas eran utilizados después de ser remojados en agua. Hoy en día, se añaden tambien el kimchi de repollo coreano y la carne de cerdo.

---

* Chongtteok son bien recibidos en Occidente, ya que son similares a los panqueques o crepas.

# Gangneung sanja
## (Gwajul, caramelo)

**Ingredientes**

720g de arroz glutinoso, 2/3 taza de licor, 1 1/2 tazas de jarabe de grano, aceite vegetal

**Receta**

1 Lave el arroz glutinoso a fondo y deje ablandar en el agua. Muelalo finamente y tamizelo. (Suavice durante 7 días en el verano y 14-15 días en el invierno).

2 Mezcle el polvo de arroz glutinoso con el licor. Coloque un paño de algodón húmedo en una olla a vapor. Ponga la masa sobre la tela y el vapor. Machaque fuértemente y bata la masa en un mortero.

3 Espolvoree harina sobre una tabla de cocina y extienda la masa en una capa delgada. Córte algunos trozos. Extienda los pedazos de masa sobre una superficie caliente y deje que se seque completamente. No deje entrar ningun viento.

4 Saltee el arroz glutinoso en una olla para hacer maewha (arroz estallado).

5 Cuando la masa esté completamente seca, póngala en un poco de aceite empezando en una temperatura baja y luego aumentando el fuego poco a poco. Cubra la comida frita con el jarabe del grano y el maehwa (arroz estallado)

**Nota.**

Maehwa se refiere al arroz estallado y Maehwa sanja se refiere
a comidas recubiertas con maehwa.

# Memil cha
## (Té de trigo negro)

### Ingredientes

1 taza de trigo negro, 2L de agua

### Receta

1 Pele las cáscaras del trigo negro.
2 Eche agua sobre el trigo y cocínelo como si fuera arroz. Seque y saltee el trigo cocido.
3 Ponga el trigo salteado en una olla, eche un poco de agua y póngalo a hervir.

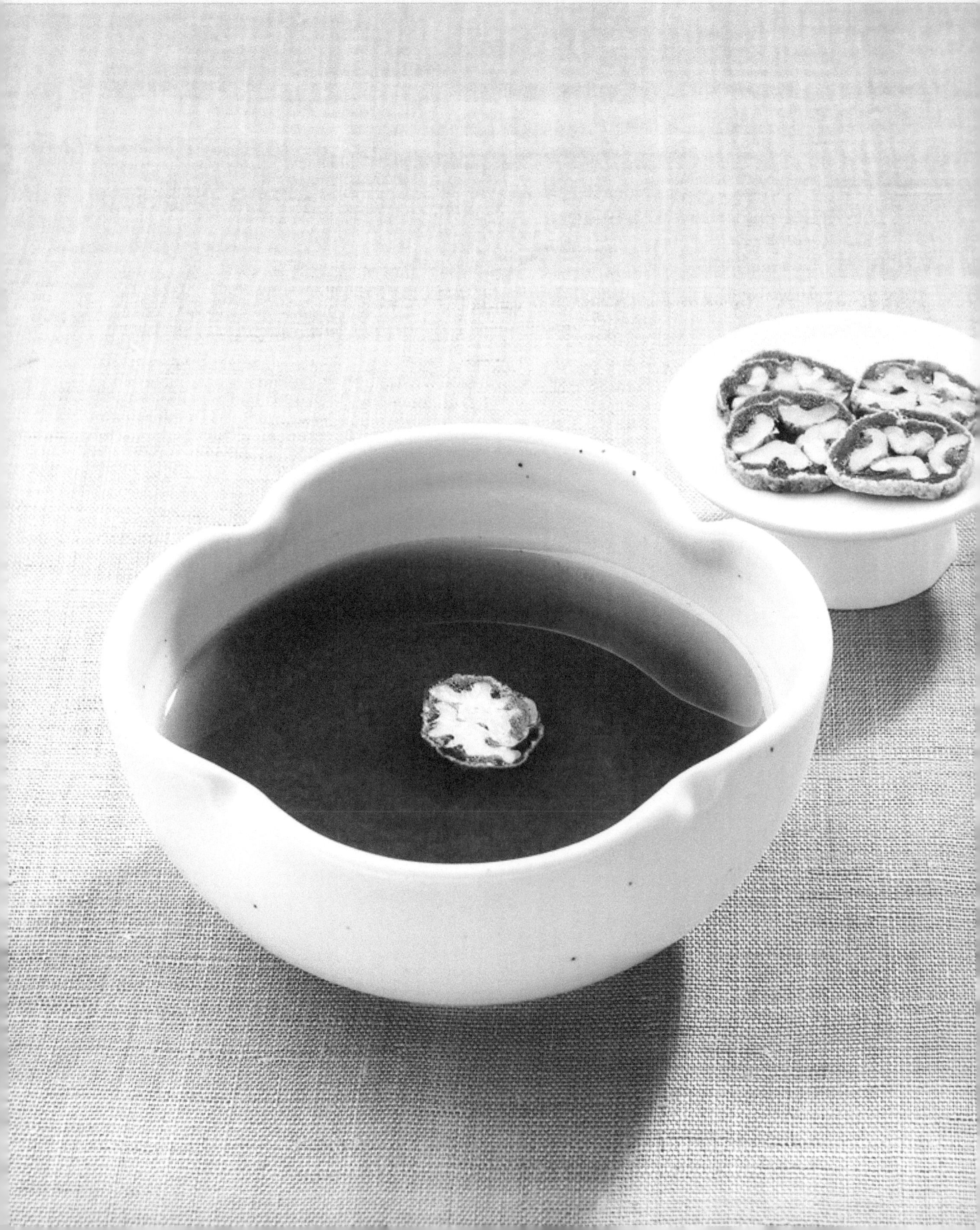

# Hobak sujeonggwa
## (Ponche de calabaza)

### Ingredientes

3kg de calabaza madura, 50g de canela, 50g de jengibre, una pizca de caqui seco, piñones y nueces, 200g de azúcar amarillo, un poco de agua

### Receta

1 Pele el jengibre y lavelo a fondo. Corte es en rodajas delgadas. Eche agua sobre el jengibre y llévelo a ebullición.

2 Lave la canela, eche agua sobre la canela y llévelo a ebullición.

3 Pele la calabaza madura. Quítele las semillas y vacíelo por dentro. Cortelo en trozos y póngalas en una olla con agua. Lleve a ebullición.

4 Agregue el agua de jengibre del paso 1 y el agua de canela del paso 2 a la calabaza del paso 3. Lleve a ebullición.

5 Tamize el agua del paso 4 con un paño de algodón limpio. Añada el azúcar amarillo y llévelos a ebullición de nuevo. (el ponche está listo)

6 Limpie la superficie de los caquis secos con un paño de algodón húmedo. Quítele sus picos y córtelos a lo largo en dos partes. Despepítelos.

7 Sancoche las nueces en agua hirviendo para eliminar su cáscara interna.

8 Inserte las nueces en los caquis secos. Aplastelos con una herramienta adecuada (o utilize los dedos) para hacer las envolturas de caqui seco. Corte la envoltura en trozos de 0,5cm.

9 Eche el ponche refrigerado en un tazón. Espolvoree con las envolturas de caqui seco y los piñones.

# [ Chungcheongbukdo ]

La provincia de Chungbuk, ubicada en el centro de la península, es la única provincia que no tiene acceso al mar. Como consiste de montañas accidentadas y vastos llanos, esta region tiene una agricultura muy bien desarrollada de cereales tales como el arroz, la cebada y el frijol, y de otros productos incluyendo el maíz, las batatas, los pimientos, el repollo, y las setas. En lugar de los productos marinos, se desarrollaron las comidas que contienen peces de agua dulce incluyendo el pez gato, la anguila, la carpa, y el pez mandarín. En Chungbuk casi no se utilizan condimentos, pero abundan los sabores naturales y simples.

El Kimchi de esta region contiene una gran cantidad de ajo y pimiento y sal en lugar de mariscos escabechados, por lo que se llamaba 'jjanji'(verduras preservadas con sal). Se hacían jjanji de repollo en el invierno, y jjanji de rábano en el verano. Estos se caracterizan por casi no tener jugo. Es también famoso el 'Gat Kimchi' que se hace con hojas de mostaza cortada en tiras y fermentadas por un día en un tarro con vinagre, sal, azúcar, y aceite de sésamo. También se desarrollo la sopa de doenjang (pasta de soya coreana) y repollo con sangre coagulada o tripas, y la abundancia de la soya resultó en el uso del polvo de soya para cubrir verduras al vapor, o para mezclar en las masas de harina y en gachas de arroz.

# Hobak Cheong
## (Gachas de calabaza)

### Ingredientes

1,5 kg calabaza madura, 200g de castañas, 300g de azufaifos, 20g de ginkgos, 50g de jengibre, 2 raíces de ginseng, 200g de miel, 100g de polvo de arroz glutinoso, 3 cucharas de agua

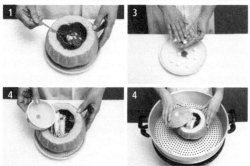

### Receta

1 Corte la parte superior de la calabaza madura al tamaño de la palma de su mano para hacer una tapa. Retire las semillas y vacíe por dentro.

2 Pele las castañas. Fría los ginkgos en aceite y quite las capas internas. Pele el jengibre y corte en trozos finos.

3 Mezcle el polvo de arroz glutinoso con agua caliente y prepare la masa para hacer masitas redondas

4 Coloque las castañas, los azufaifos, los ginkgos, el jengibre, el ginseng, y las bolas de masa en la calabaza y vierta la miel sobre ellos. Cierre la tapa y cocine bien en una olla a vapor.

### Nota.

La calabaza es conocida por ser beneficiosa para la mujer embarazada. A los coreanos les gusta el jugo de calabaza o las gachas de calabaza.

# Okgye baeksuk
## (Estofado de pollo relleno)

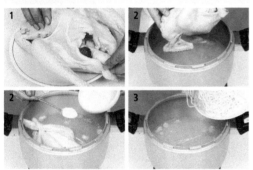

### Ingredientes

1kg de okgye (un tipo de pollo), 335g de arroz glutinoso, 100g de castañas, 10g de azufaifos, 2 raices de ginseng, 4 hwanggis (un tipo de hierba), 3 cucharadas de Yulmu (lágrimas de Job) en polvo, fideos hechos a mano, agua, 35 g de cebolla verde, 20g de ajo, una pizca de semillas de sésamo, pimienta negra, y sal

### Receta

1 Retire las vísceras del pollo, y lave bien el cuerpo. Rellene el interior del pollo con los azufaifos, las castañas, el arroz glutinoso y raíces de ginseng.

2 Coloque el pollo relleno en una olla a presión y échele agua. Agregue el ajo y ponga todos los ingredientes a Hierva. Cuando estén a medio cocer, añada el hwanggi y el polvo de lágrimas de Job y cocine a fondo.

3 Saque el pollo y colóquelo en un tazón. Añada la cebolla verde picada y los tallarines hechos a mano al caldo en la olla a presión. Hierva a fondo y sazone con sal de sésamo, sal y pimienta negra.

### Nota.

Okgye es un pollo nativo de la región Okcheon, que se caracteriza por sus patas negras. La gente que vive en esta región solían comer este pollo cocinándolo con diversas hierbas orientales tradicionales para eliminar cualquier olor de la carne, agregando los fideos o arroz glutinoso en el caldo.

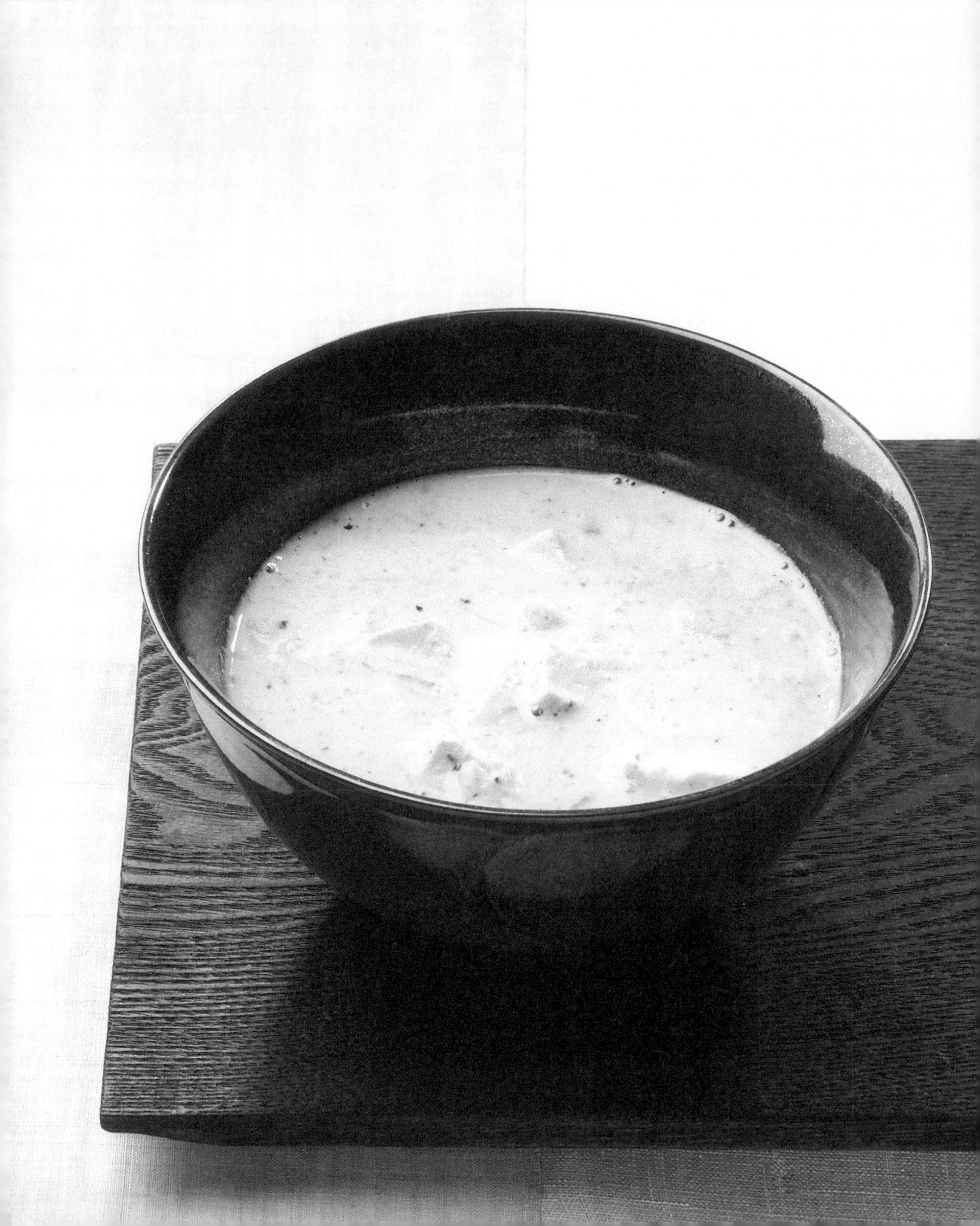

# Kong guk
## (Sopa fría de frijol blanco)

### Ingredientes

5 tazas de gachas de soya fina, 250g de tofu, 200g de brotes de frijol, 140g de zanahorias, 300g de papas, 10g de cebolla verde, 10g de ajo, 1/2 cuchara de pimiento rojo picante en polvo, una pizca de sal

### Receta

1 Coloque los brotes de soya en una sartén y vierta agua sobre ellos. Sancoche ligeramente los brotes de soya.

2 Corte las zanahorias y las papas en trozos rectangulares (3×1×0,3cm). Añada un poco de sal y sancochelos ligeramente. Corte el tofu en trozos del mismo tamaño que las zanahorias y las papas.

3 Coloque los brotes de soya ligeramente cocidas, las zanahorias y las papas en una olla y vierta gachas de soya sobre ellos. Lleve a ebullición.

4 Cuando la sopa comience a hervir, añada el tofu, la cebolla verde picada y el ajo picado. Retire la espuma mientras que la sopa está hirviendo. Sazone con el pimiento rojo picante en polvo y sal.

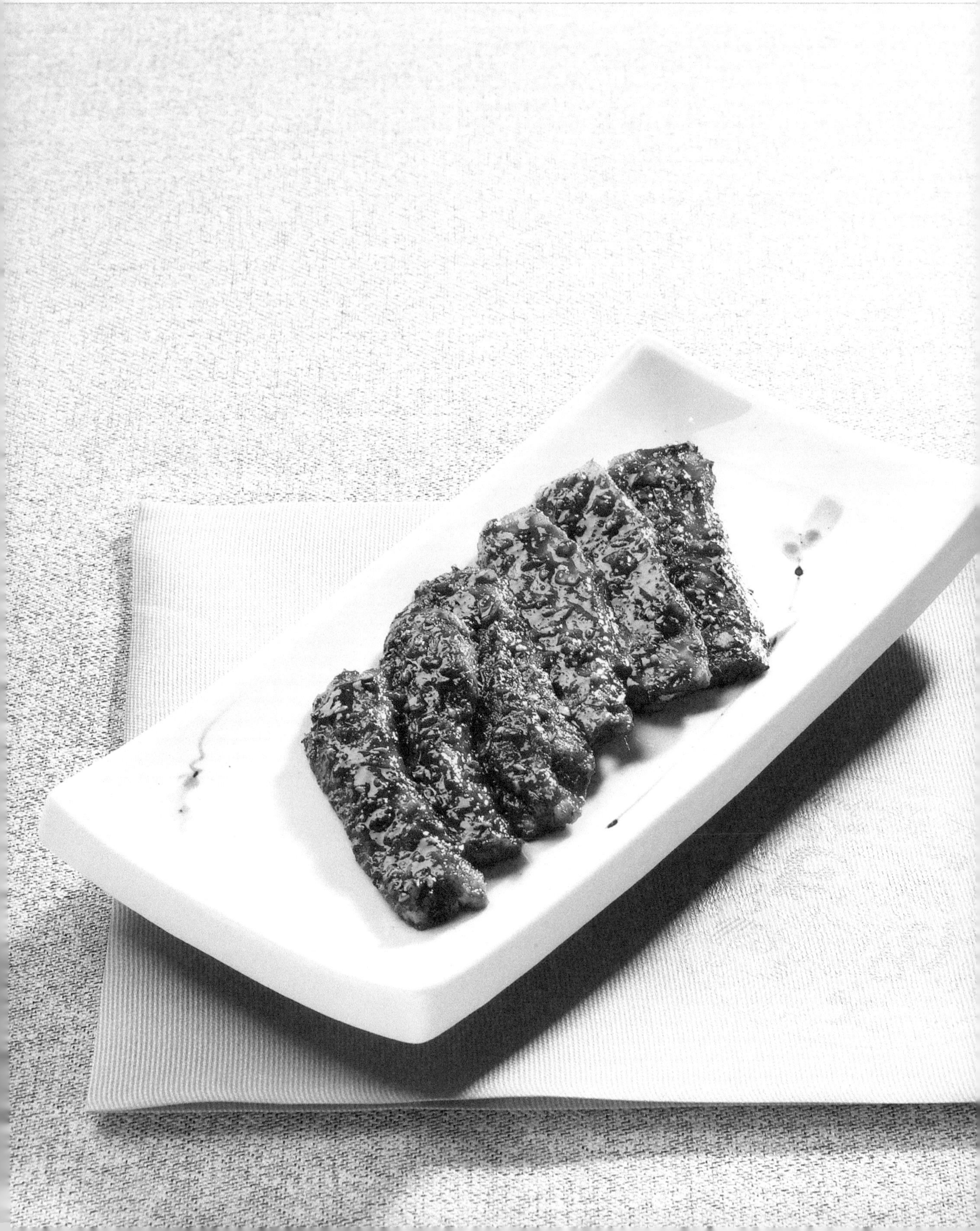

# Deodeok gui
## (Raíces de deodeok a la parrilla)

### Ingredientes

300g de raíces de deodeok (raíces de la Codonopsis lanceolata), un poco de vinagre

Para el aderezo 2 cucharas de gochujang (pasta de pimiento rojo picante), 2 cucharas de salsa de soya, 2 cucharas de azúcar, 2 cucharillas de cebolla verde picada, 1 cucharilla de ajo molido, 1 cucharilla de sal de sésamo, 1 cucharilla de aceite de sésamo

Para el suero 1 cuchara de aceite de sésamo, 1 cuchara de salsa de soya, 240g de deodeok, gochujang (pasta de pimiento rojo picante)

### Receta

1 Después de pelar las raíces de deodeok, lavelas a fondo.

2 Corte las raíces a lo largo en 2 piezas y despliéguelas.

3 Prepare el aderezo mezclando los condimentos mencionados anteriormente.

4 Aplique el suero y luego el vinagre a las raíces de deodeok. Cocine ligeramente en la parrilla las raíces de deodeok en una parrilla.

5 Siga cocinando en la parrilla y mientras va aplicando el aderezo.

### Nota.

El deodeok silvestres es una especialidad de Suanbo, situado alrededor del Parque Nacional Wolaksan. Esta comida que estimula el apetito se le llamaba tambien "Sasam" o "Baeksam", que es un tipo de ginseng. Deodeok gui es muy popular entre los turistas, así como los residentes locales.

# Doribaengbaengi
## (pescado frito)

### Ingredientes

170g de peces de agua dulce (eperlano de estanque, zacco platypus, etc.), 10g de ginseng fresco, 10g de zanahorias, 10g de cebolla verde, 15g de pimientos verdes, 15g de pimientos rojos

Para el aderezo 3 cucharas de gochujang (pasta de pimiento rojo), 1/2 cuchara de ajo molido, 1/2 cuchara de jengibre molido, 1/2 cuchara de azúcar, 3 cucharas de agua

### Receta

1 Limpie los pescados. Colóquelos de forma circular en una sartén. Vierta un poco de aceite vegetal y fríalos hasta que queden dorados.

2 Corte la zanahoria y la cebolla verde en tiras de 5×0,2×0,2 cm. Corte el ginseng fresco y el ají rojo en diagonal en trozos 0.3cm

3 Mezcle los ingredientes para hacer el aderezo.

4 Cuando el pescado esté frito, vierta el aceite de la sartén y cubra el pescado con el aderezo. Adorne con las verduras del paso 2 y cocine ligeramente.

### Nota.

El Dori Baengbaengi, el cual se consolidó como un plato típico de la zona cerca de Eurimji (lago) en Jaecheon y la represa de Daecheong, se refiere al plato en el que pequeños peces de agua dulce se ponen en una sartén formando un redondo. De acuerdo con la gente en Joryeong-ri, un anciano del norte de Corea empezó a vender este plato bajo el nombre de estofado de pescados. Desde entonces, fue llamado por muchos nombres, como el pescado frito o estofado de zacco platipus, pero un cliente un día dijo: "Por favor, déme el Dori Baengbaengi, que viene en una cacerola en forma redondeada", y así es que surgió este nombre.

# Dotori jeon
## (Bellota a la sartén)

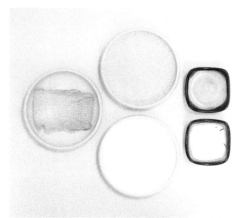

### Ingredientes

150g de bellota en polvo, 110g de harina, kimchi lavado, aceite vegetal, 600L de agua, 1 cucharilla de sal

### Receta

1 Mezcle el polvo de bellota, la harina y la sal. Tamize la mezcla.
2 Vierta el agua sobre la mezcla del paso 1. Mezcle bien.
3 Forre un molde con aceite vegetal. Coloque en una hoja de kimchi. Extienda la mezcla del paso 2 sobre la sartén.
4 Fría ambos lados.

# Chick jeon
## (Kudzu a la sartén)

### Ingredientes

160g de almidón de Kudzu, 55g de de harina, 20g de pimientos verdes, 20g de pimientos rojos, 80g de calabaza, 400 ml de agua, una pizca de sal, aceite

### Receta

1 Eche la harina y el agua al almidón de Kudzu y mezcle bien. Tamize la mezcla.
2 Corte la calabaza en trozos gruesos (5×0,3×0,3cm). Corte los pimientos rojos, y los pimientos verdes en diagonal a un grosor de 0,3cm. Mezclelo con la mezcla del paso 1.
3 Cubra una sartén calentada con aceite vegetal. Extienda la mezcla sobre la cacerola y fríala.

### Nota.

El aderezo de salsa de soya (salsa de soya, aceite de sésamo, semillas de sésamo, cebolla verde picada y el ajo molido) también va bien con panqueques de pollo.

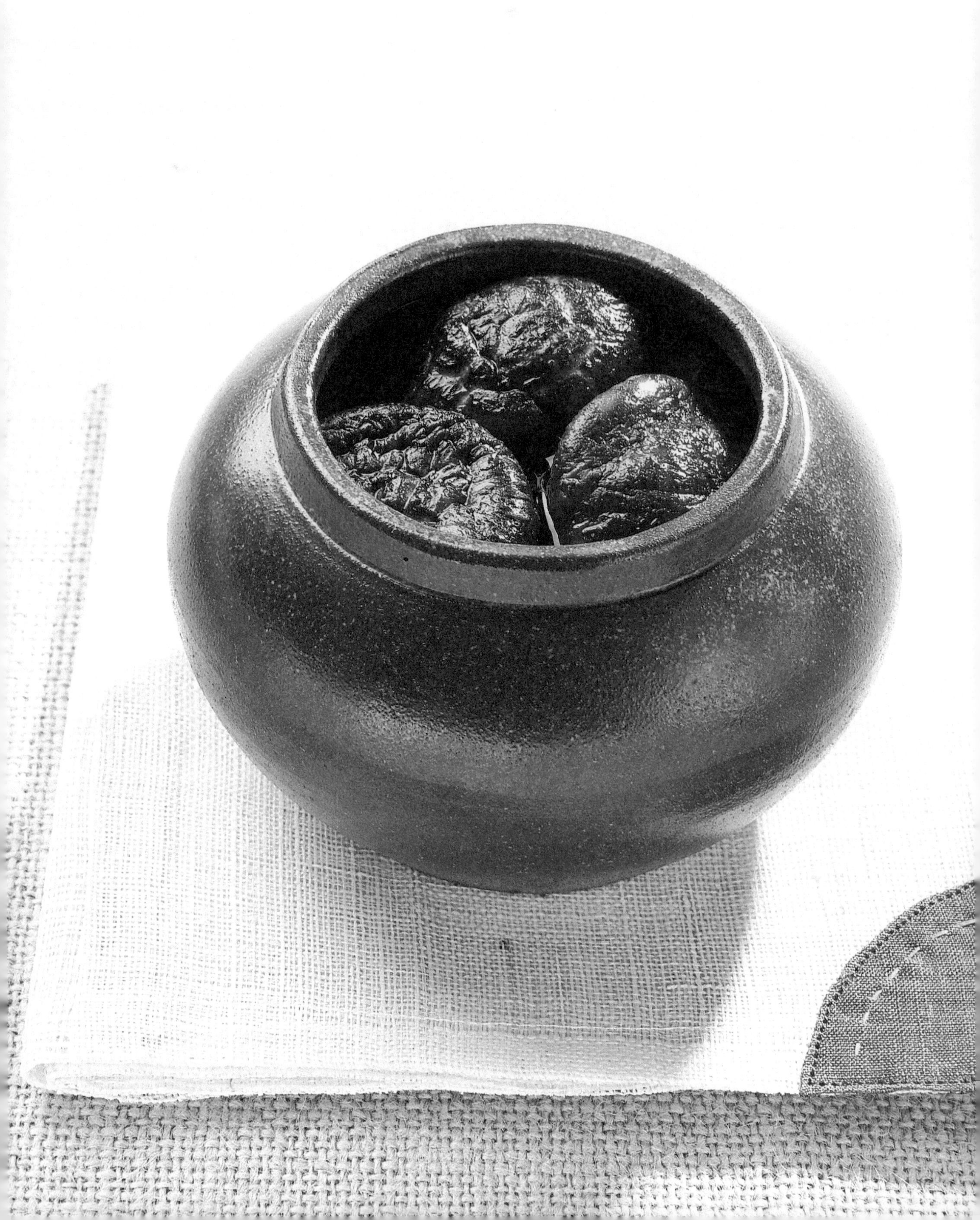

# Pyogo jangajji
## (Setas shiitake encurtidas)

### Ingredientes 1

100g de setas shiitake secas, pimientos rojos secos, 30g de ajo, agua, 4 tazas de salsa de soya, 1 cuchara de zumo de jengibre, 1 cuchara de sal

### Ingredientes 2

100g de setas shiitake secas, 2 tazas de salsa de soya, 2 tazas de salsa de soya clara, 2 1/2 tazas de jarabe de glucosa, 2 tazas de azúcar

Para el caldo de algas marinas 20g de algas, 30g de ajo, 20g de jengibre, 70g de cebolla, 5 pimientos rojos secos, 7L de agua

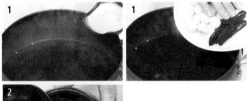

### Receta 1

1 Combine la salsa de soya, el agua, zumo de jengibre, la sal, el ajo y los pimientos rojos secos y mezclelos bien. Lleve la mezcla a ebullición y deje enfriar.

2 Coloque los hongos shiitake secos en un frasco. Vierta la mezcla de salsa de soya preparada en el paso 1 sobre las setas.

### Receta 2

1 Ablandar en agua las setas shiitake secas. Retire las puntas y retire el exceso de humedad.

2 Vierta el agua en una olla y agregue las algas, el ajo, el jengibre, la cebolla y los pimientos. Llevar a ebullición y hierva durante 20 minutos. Tamice a través de un paño limpio de algodón para obtener un caldo claro.

3 Añada la salsa de soya, la salsa de soya clara, el azúcar, el jarabe de glucosa y el caldo preparado en el paso 2, y hierva hasta que el caldo se reduzca en dos tercios.

4 Ponga las setas shiitake ablandadas en el caldo del paso 3. Saque los ingredientes sólidos del caldo. Hierva el caldo restante por otros 5 minutos y luego deje que se enfríe.

5 Coloque las setas shiitake cocinadas en un frasco y vierta la salsa de soya del paso 4 sobre las setas.

# [ Chungcheongnamdo ]

En Chungnam, donde las llanuras de Yedang y la cuenca del Río Gumgang en Chungnam consisten de una gran cantidad de tierras de cultivo, hay una abundante producción de granos. Y en sus bordes de la Costa Oeste, hay una abundancia de mariscos. Al igual que Chungbuk, no se utiliza muchos condimentos en la comida la que se caracteriza por su sabor natural, y por sus porciones grandes.

En esta región, se come mucho el arroz de cebada con pasta de soya, sopa de pasta de soya, gachas, fideos de trigo, y masas de harina. En el verano se cocinaba sopa de masas de arroz o fideos de harina, con pollo, y en el invierno con ostras o almejas. También se hacían muchas comidas con calabaza, incluyendo gachas de calabaza, puré de calabaza, torta de calabacín, kimchi de calabazas, etc.

# Gulbap
## (Arroz hervido con ostras)

### Ingredientes

300g de arroz, 300g de ostras, 150g de brotes de soya, 2g de kim (papeles de algas), 340mL de agua para el arroz, 1 cuchara de deulgirum aceite de perilla

Aderezo 3 cucharas de salsa de soya, 1 cuchara de pimiento rojo en polvo, 1/2 cucharilla de cebolleta picada, 1/2 cucharilla de cebolla verde picada, 1/2 cucharilla de ajo picado, 1/2 cucharilla de aceite de sésamo, un poco de semillas de sésamo

### Receta

1 Lave bien el arroz y deje remojar por 30 minutos.

2 Lave bien los brotes de soya con agua corriente.

3 Lave las ostras en agua salada y escúrralas.

4 Eche el arroz remojado en una caldera y ponga los brotes de soya encima. Eche el agua y ponga el arroz a cocinar.

5 Eche el aceite de perilla encima cuando el agua empieze a hervir, ponga las ostras encima, y deje el arroz a fuego lento.

6 Cuando el arroz esté hecho, mézclelo y sírvalo. Rompa los papeles de algas y póngalo encima del arroz.

7 Mezcle el pimiento rojo en polvo, la cebolleta picada, la cebolla verde picada, el ajo picado, el aceite de sésamo y las semillas de sésamo con la salda de soya para hacer el aderezo. Úselo para sazonar el arroz con ostras.

### Nota.

La comida hecha con arroz y mariscos es similar a la paella de España.

# Baksok Nakjitang
## (Sopa de pulpo en calabaza)

### Ingredientes

10 nakji (pulpos pequeños), 300g de calabaza, 200g de kalguksu (fideos de harina de trigo hechas a mano), 400g de bajirak (almejas), 200g de perejil, 20g de mojigata, 100g de rábano, 70g de cebolla, 1.6L de agua, 20g cebolla verde, 10g de ajo, 5g de jengibre, un poco de sal

### Receta

1 Remoje las almejas en agua salada para limpiarla.
2 Quitele la cascara y las semillas a la calabaza y cortelas en trozos cuadrados (2.5×2.5×0.3cm).
3 Corte el rábano en trozos cuadrados, corte la cebolla en tiras gruesas (5×0.3×0.3cm). Corte la cebolla verde en diagonal(0.3cm), prepare sólo el corazón de la mojigata y córtelo a 5cm de largo junto con el perejil.
4 Ponga a hervir el rábano y la calabaza en agua hirviente.
5 Cuando hierva la sopa eche la sal y añada las almejas, el ajo picado, y el jengibre picado. Añada la cebolla y hierva un poco más.
6 Añada la cebolla verde y el pulpo.
7 Por último, añada el perejil y la mojigata a lo último y hierva un poquito más.
8 Sírvase el pulpo y la calabaza primero con una cuchara, y después de comerselos añada el fideo.

### Nota.

El Baksok Nakjitang se hace hirviendo una variedad de verduras con almejas dentro del cascarón de la calabaza vaciada, sazonandolo con un sal y salsa de soya, y agregándole un pulpo vivo de la planicie lodosa de la Costa Oeste de Corea. Éste se caracteriza por el sabor fresco que le da el cascarón de calabaza. Recientemente, las calabazas son cosechadas en el otoño son congeladas y preservadas, lo que nos deja disfrutar del sabor fresco del Baksok Nakjitang durante todo el año.

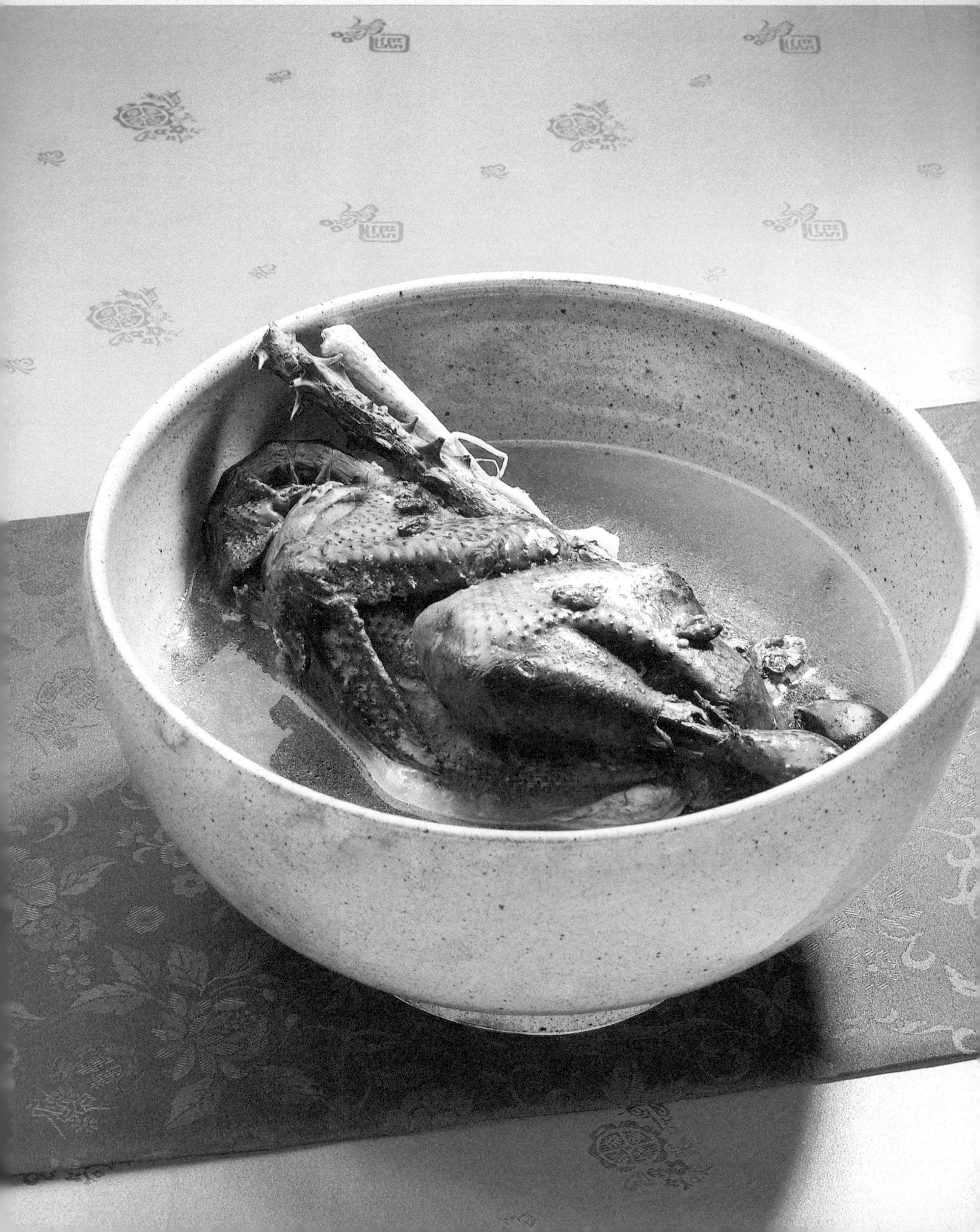

# Ogolgye tang
## (Ogol Pollo Guisado)

### Ingredientes

1 pollo ogolgye, varias hierbas medicinales tradicionales de Corea; eomnamu, cheongung, danggui, hwanggi, gugija (vino matrimonial chino), changchul, gamcho, cuernos de venado, azufaifos, castañas, 3L de agua, 2 cucharas de sal

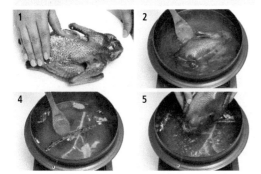

### Receta

1 Retire las vísceras del pollo y enjuague bien. Frote el pollo con sal.

2 Sancoche el pollo preparado en agua hirviendo.

3 Pele las cáscaras externas y las internas de las castañas. Lave a fondo el eomnamu, cheongung, danggui, hwanggi, gugija (Vino matrimonial chino), changchul, gamcho, cuernos de venado, y azufaifos.

4 Ponga las hierbas medicinales coreanas en una olla y vierta agua sobre ellas. Hierva a fondo hasta que la sopa tenga una rica fragancia.

5 Añada el azufaifo, las castañas y el pollo en el caldo y llévelos a ebullición otra vez. La sopa está lista.

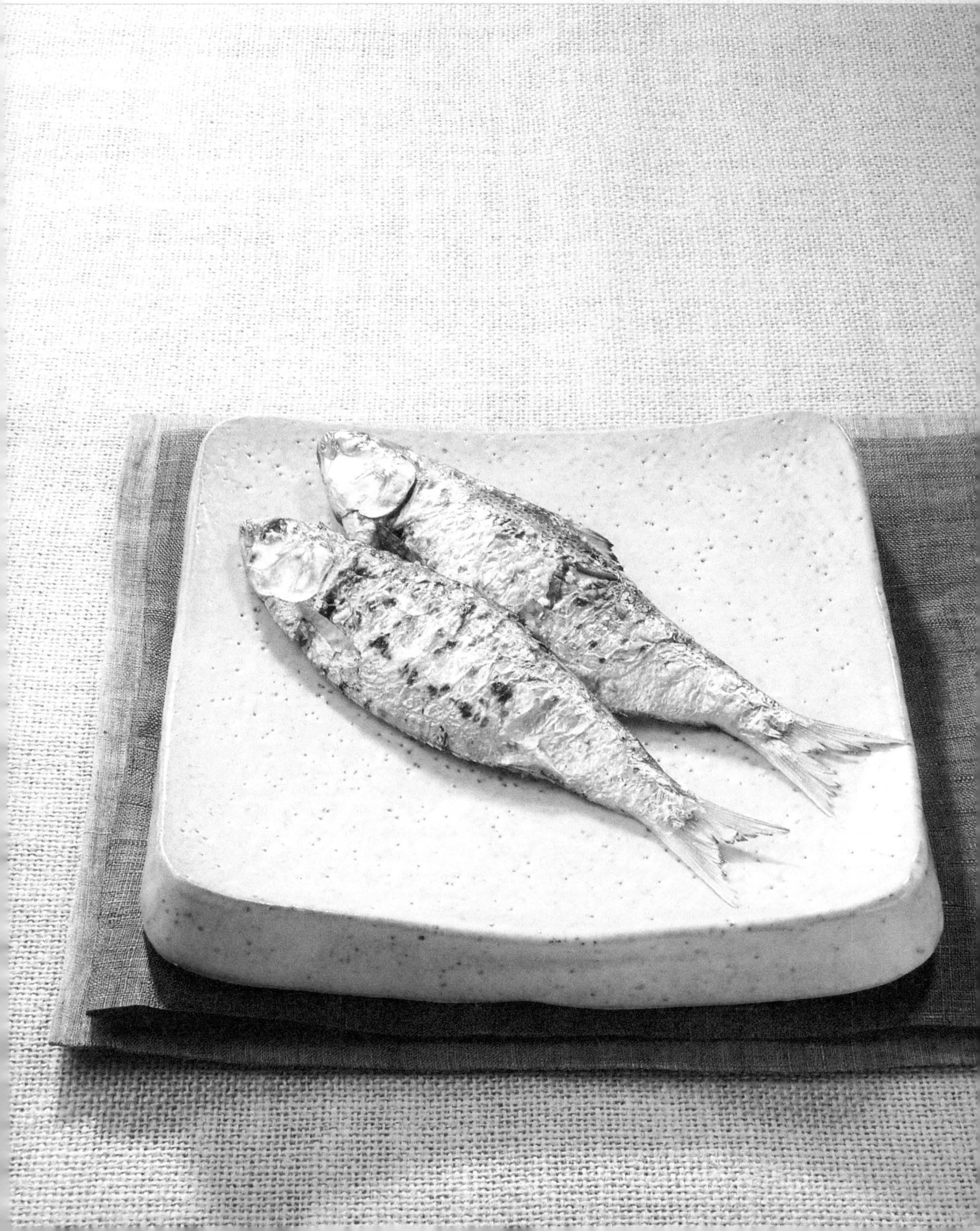

# Jeoneo gui
## (Sábalo coreano (Konosirus punctatus) a la parrilla)

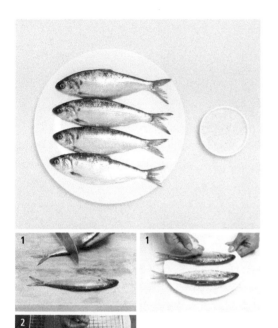

### Ingredientes

3 sábalos coreanos 3, 1/2 cuchara de sal

### Receta

1 Quite las escamas de los sábalos. Lave a fondo y quítele el exceso de humedad. Echele sal.
2 Cocine uniformemente a la parrilla ambos lados del pescado, dándole vuelta con frecuencia hasta que queden dorados.

# Hobakgoji jeok
## (Rodajas de calabaza fritos)

### Ingredientes

100g de rodajas secas de calabaza, 100g de pequeñas cebollas verdes, 200g de carne de res, 100g de polvo de arroz glutinoso, 1 cuchara de aceite vegetal, 100ml de agua

Aderezo para la carne 1 cuchara de salsa de soya, 2 cucharillas de cebolla verde picada, 1 cuchara de azúcar, 1 cucharilla de aceite de sésamo, 2 cucharillas de sal de sésamo, 1/3 cucharilla de pimienta negra

Aderezo para las rodajas de calabaza seca 2 cucharillas de cebolla verde picada, 1 cuchara de salsa de soya, 1 cucharilla de aceite de sésamo, 2 cucharollas de sal de sésamo

### Receta

1 Elija rodajas gruesas de calabaza seca. Ablandelas en agua. Sazonelas con el aderezo.
2 Corte la carne en trozos finos (6×1,5×0,5cm) y sazonela con el aderezo.
3 Corte la cebolla verde pequeña en trozos de 6cm. Sazone con aceite de sésamo.
4 Mezcle bien el polvo de arroz glutinoso y el agua.
5 Ponga las rodajas de calabaza seca, la carne, y las cebollas verdes alternativamente en brochetas. Para que se vean bien presentables, ponga las rodajas de calabaza en ambos extremos.
6 Remoje las brochetas en la mezcla preparada en el paso 4. Forre una sartén caliente con aceite vegetal y fría las brochetas.

# Kkotge jjim
## (cangrejo azul al vapor)

### Ingredientes

1kg de cangrejos azules, 1 cuchara de doenjang (pasta de soya coreana), un poco de agua

Para la salsa de soya y rábano picante 4 cucharas de salsa de soya, polvo de rábano picante, un poco de agua

### Receta

1 Elija cangrejos azules capturados durante abril o mayo. Límpielos con agua corriente con un cepillo.
2 Eche el agua en una caldera y mezcle la pasta de soya con agua. Ponga los cangrejos azules en sus espaldas en el agua. Dejelo cocinar bien al vapor.
3 Mezcle bien el polvo de rábano picante y agua. Añada a la salsa de soya y mezcle bien.
4 Sirva los cangrejos con la salsa de soya y rábano picante.

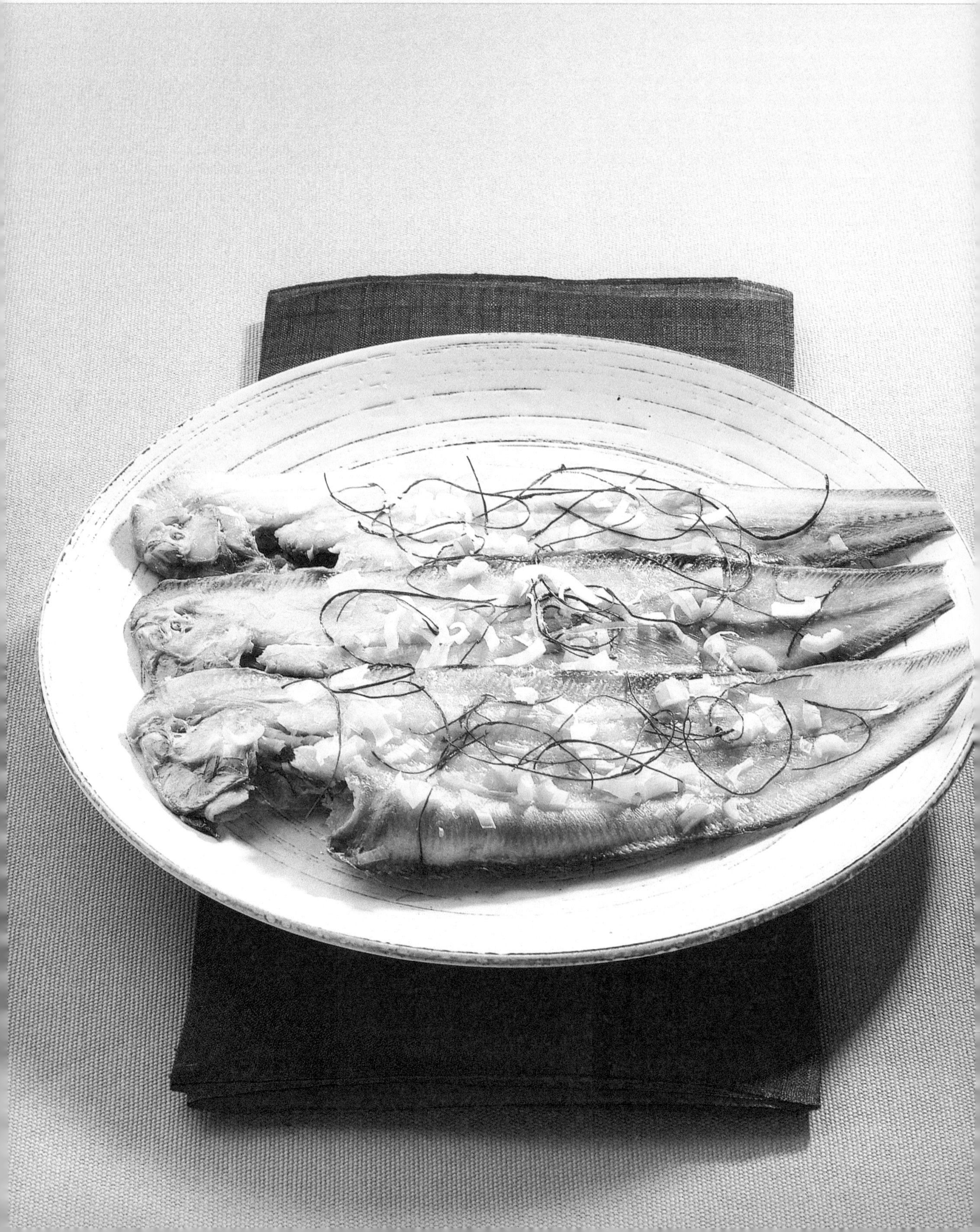

# Seodae jjim
## (Bakdae jjim, lenguado al vapor)

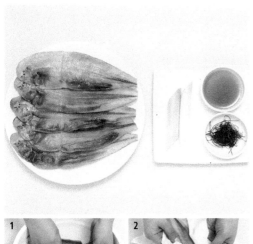

### Ingredientes

100g de lenguados secos, 10g de cebolla verde, 1 cuchara de aceite de sésamo, una pizca de pimiento rojo cortado en tiras

### Receta

1 Lave los lenguados secos y salado con agua y quite el exceso de humedad con un paño de algodón limpio.

2 Cepíllelos con aceite de sésamo.

3 Ponga los lenguados en una olla a vapor y cocine a fondo.

4 Añada la cebolla verde picada y pimientos rojos en tiras encima de los lenguados. Cubra y cocine otra vez al vapor. Cuando el vapor se levante de nuevo, apague el fuego.

### Nota.

Bakdae es otro nombre para lenguado, que se usa en la provincia de Chungcheong. La forma plana se parece a una hoja de árbol y a la suela de un zapato. Se usa para diversos platos ya que la carne es muy sabrosa. Por lo general es salada y seca como un pez plano.

Este pez es especialmente popular en la zona Seocheon. Los lenguados secos se disfrutan al vapor o fritos en aceite.

# Jjukkumi muchim
## (Pulpo sazonado con verduras)

### Ingredientes

10 Jjukkumi (pulpitos), 160g de cebolla, 50g de perejil, 70g de pepinos, 50g de zanahorias, 15g de pimientos rojos, 15g de pimientos verdes, un poco de sal, un poco de sésamo

Aderezo 2 cucharas de gochujang (pasta de pimiento rojo coreano), 2 cucharas de vinagre, 1 cucharas de azúcar, 1 cucharilla de ajo molido

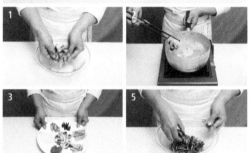

### Receta

1 Remoje los pulpitos en agua salada un rato. Voltee la cabeza de adentro para afuera, quítele el bolsillo de tinta, y límpielo bien. Lave y enjuague bien los pulpitos una vez más. No los frote demasiado fuerte.

2 Éche la sal al agua hirviendo y hierva ligeramente los pulpitos uno por uno. Córtelos a un tamaño deseado.

3 Corte la cebolla en tiras finas de 0.2cm de grosor, y corte los pepinos por la mitad a lo largo, y luego en diagonal (0.3cm). Corte las zanahorias en rectángulos (5×1×0.3cm), y corte el perejil a 5cm de largo. Corte los pimientos verdes y los pimientos rojos diagonalmente a un grosor de 0.3cm y quítele las semillas.

4 Mezcle el gochujang (pasta de pimiento rojo coreano) con el vinagre, el azúcar, y el ajo molido para hacer el aderezo.

5 Añada el aderezo a las verduras del paso 3 y mezcle bien. Luego añada los pulpitos y mezcle ligeramente. Para terminar, espolvoree el sésamo.

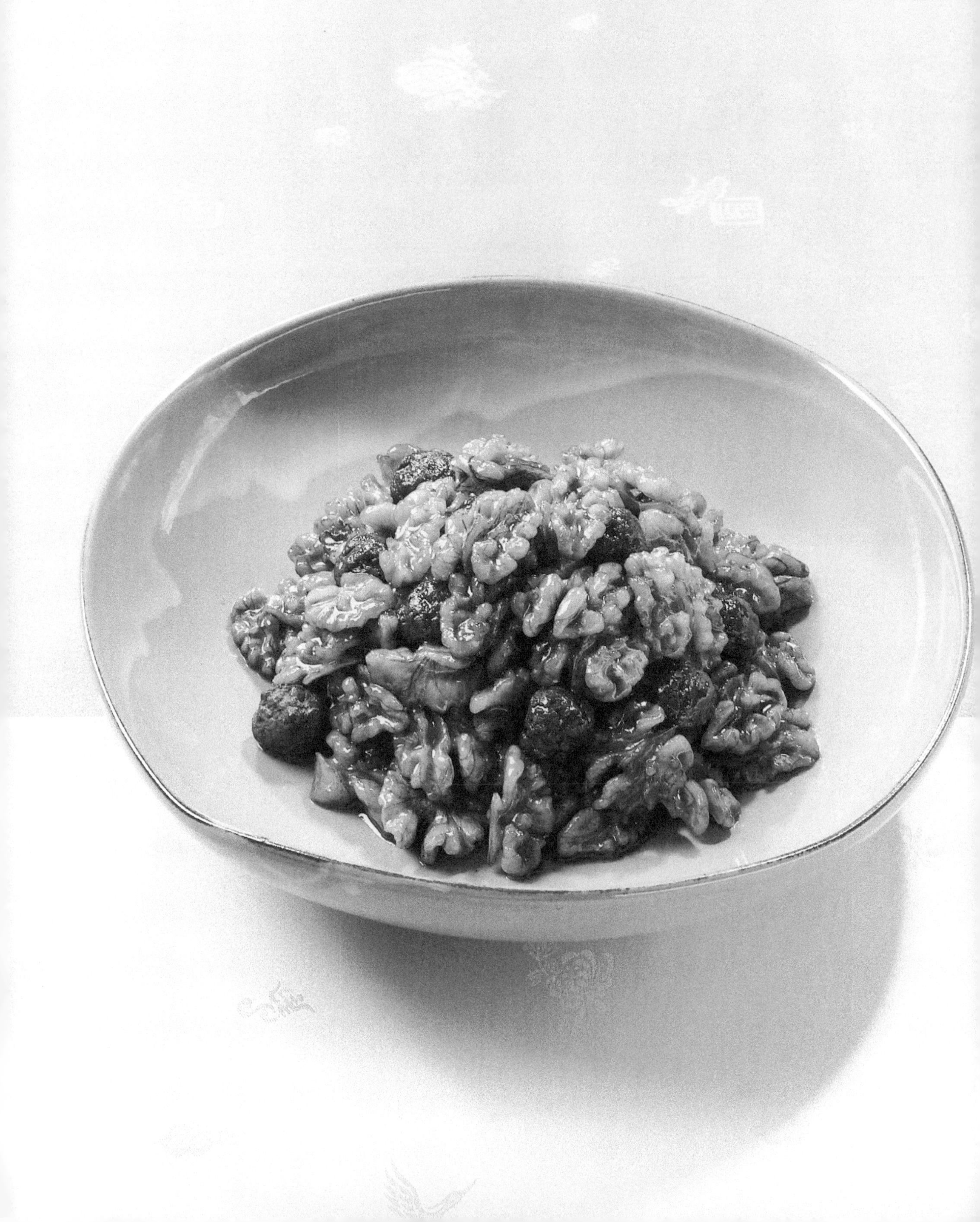

# Hodu jangajji
## (Nueces en escabeche)

### Ingredientes

240g de nueces, 100g de carne, 140ml de agua, 3 cucharas de salsa de soya, 1 cuchara de jarabe de glucosa

Aderezo para la carne 1 cucharilla de salsa de soya, 1 cucharilla de cebolla verde picada, 1/2 cucharilla de ajo molido, 1 cucharilla de sal de sésamo, 1 cucharilla de aceite de sésamo

### Receta

1 Ponga las nueces con un poco de agua hirviendo. Cuando las nueces comiencen a flotar a la superficie apague el fuego y deje enfriar por 10 minutos para eliminar el tanino. Enjuague con agua fría y colóquelo en una bandeja.

2 Pique finamente la carne y sazone con el aderezo. Haga bolas de 1,5-2cm de diámetro con la carne picada.

3 Mezcle la salsa de soya y el agua y lleve a ebullición. Añada las bolas de carne de res preparadas en el paso 2 y las nueces del paso 1 y estófelos.

4 Cuando las bolas de carne y las nueces estén estofados, quítelos y vierta el jarabe de glucosa y mezcle bien.

# Insam jeonggwa
## (Ginseng endulzado)

### Ingredientes

4 raíces de ginseng (fresco), 6 cucharas de azúcar, 2 cucharas de jarabe de glucosa, 1 cucharilla de miel, agua

### Receta

1 Lave el ginseng con un cepillo en agua corriente y luego ponga en una olla y hierva a fondo.
2 Ponga el ginseng hervido en otra olla y echele el agua hervida del paso 1. Agregue el azúcar (ginseng: azúcar = 2:1) y cocine a fuego lento gradualmente llevando a ebullición. Tenga cuidado de no revolver mientras que el agua con azúcar está hirviendo.
3 Cuando el agua azucarada se reduzca a la mitad, añada el jarabe de glucosa y manténgalo a fuego lento. Asegúrese de no revolverlo.
4 Cuando el agua azucarada esté reducido casi por completo y el color del ginseng se vuelva un rojo transparente y esté brillante, vierta la miel y remueva.

### Nota.

El ginseng jjeonggwa ha sido especialmente popular entre los hombres porque se sabe que aumenta su resistencia.

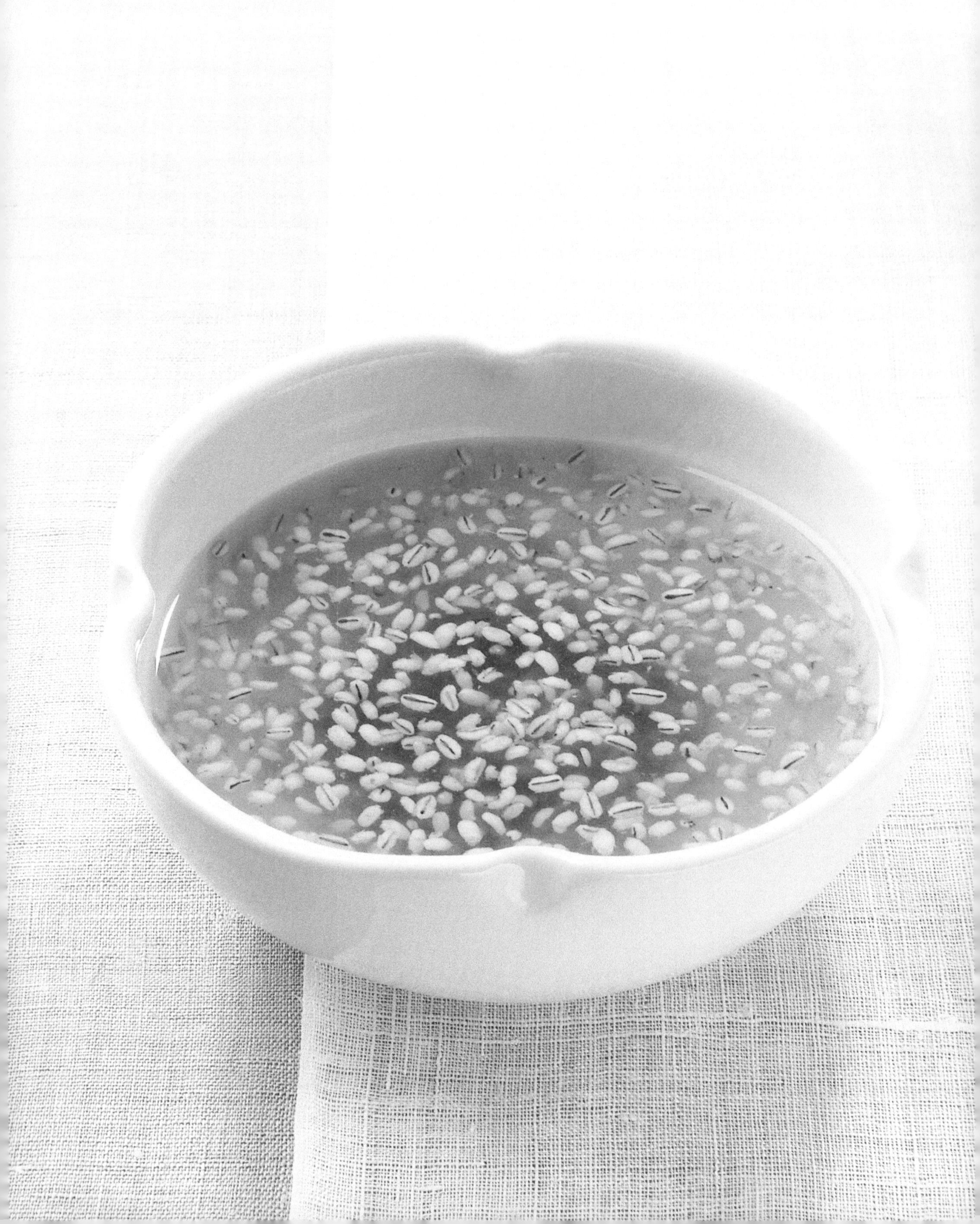

# Bori sikhye
## (Bori gamju, Bori dansul, ponche fermentado de arroz de cebada)

### Ingredientes

630g de arroz de cebada cocido (para 3 personas), 120g de malta en polvo, 3L de agua, 1/2 taza de malta, 2 tazas de azúcar

### Receta

1 Mezcle la malta en polvo con el agua frotando fuertemente el polvo entre los dedos para hacer el agua de malta.

2 Deje el agua de malta como está por un tiempo y luego vacíe sólo la parte superior del agua, dejando el cieno de malta en la parte inferior.

3 Ponga la malta en el arroz de cebada cocida y bata. Vierta el agua de malta del paso 2 sobre el arroz de cebada hervido mezclado con la malta.

4 Deje fermentar durante la noche a una temperatura de 50~60℃. Cuando los granos de arroz floten a la superficie, tamize los granos del agua de malta y póngalos a un lado. Agregue el azúcar al agua de malta y lleve a ebullición y luego deje enfriar.

5 Sirva con los granos.

### Nota.

Sikhye ("ponche de arroz" se pronuncia shikhe) es arroz fermentado con malta, y se consume a veces con piñones flotando en el ponche. Bebidas que se consumen sin granos de arroz se llaman gamju, o simplemente bebida de arroz dulce. En el libro "Haciendo Comida coreana", se dice que es mejor para hacer "Sikhye con arroz no-glutinoso que con arroz glutinoso ya que el arroz no-glutinoso se vuelve más blando." En un principio, se añadía miel también, pero después de que fue escrito el libro "Cocina del Periodo de la Dinastía Joseon", se ha usado principalmente el azúcar. Por otra parte, cidros, granadas, azufaifos y castañas se usan para agregar color y sabor al sikhye. Se menciona en el 「Sumunsaseol」que, "cuando se ponen cidros sin pelar en el arroz mientras se cocina obtiene un sabor refrescante y los granos de arroz permanecen intactos mientras que el color se vuelve blanco y el gusto se vuelve dulce".

# Jeollabukdo

La provincia de Jeonbuk, cuenta no solo con la mayor cantidad de tierras de cultivo en las llanuras de Honam, pero también el Mar Oeste y las montañas. Gracias a esto, este una zona central de la agricultura donde se produce el 16% del arroz coreano. También es conocida por su industria pesquera y productos de las zonas montañosas como el Ginseng, la Campanilla, y la Schisandra.

Jeonju es famoso por su arroz, arroz con batatas, arroz con mijo, bibimbap (arroz mezclo con una variedad de hierbas y verduras) arroz con sopa de brotes de frijol, y arroz con brote de frijol. El caldo de la sopa de torta de arroz que se com en el día de Año Nuevo se hace con anchoas, carne de res o faisán. La sopa de brotes de frijol y la sopa de algas se condimenta con sólo sal.

El Kimchi no se hacía con pimiento rojo en polvo excepto en la temporada de kimjang (cuando se prepara el Kimchi para el invierno), sino con pasta de arroz glutinoso o con mezcla molida de arroz cocido, ajo, jengibre, y pimiento remojado o pimiento rojo. Se mezclaba con mariscos escabechados o sal y rábano en tiras, y luego se ponía el rábano en tiras condimentado en repollo remojado en agua salada.

En la provincia de Jeolla-do es famosa por sus tortas finas de arroz y de cebada. Sobre todo, tiene fama el plato de tteokjaban que se hace con una masa de arroz glutinoso y pasta de pimiento rojo, redondeada y frita en una capa fina, y mojada en un aderezo hecho hirviendo salsa de soya, azúcar, y polvo fino de pimiento.

# Jeonju Bibimbap*

## Ingredientes

540g de arroz, 150g de carne de res cruda (o frita) en tajadas, 800ml de caldo de carne, 100g de brotes de soya, 100g de perejil, 200g de calabacín, 100g de raíces de campanilla china, 150g de frondas, 10g de setas shiitake secas, 80g de rábanos, 70g de pepinos, 70g de zanahorias, 150g de gelatina amarilla de frijol mungo, 400g de huevos, 70g (o 4 cucharadas) de chapssal gochujang (pasta de pimiento rojo picante hecha con arroz glutinoso), laminarias fritas, piñones, aceite vegetal

Aderezo para la carne 1 cucharilla de salsa de soya, 1 cucharilla de vino de arroz refinado, 1 cucharilla de aceite de sésamo, ajo molido, semillas de sésamo, azúcar

Aderezo para las verduras (brotes de soya, perejil, calabazas, y raíces de campanilla) sal, ajo molido, sal de sésamo, aceite de sésamo

Aderezo para las frondas y las setas shiitake alsa de soya, ajo molido, sal de sésamo, aceite de sésamo

Aderezo para los rábanos polvo de pimiento rojo picante, sal, ajo molido, jengibre molido

## Receta

1 Cocine el arroz en el caldo de carne. Esparza el arroz cocido en un plato ancho, para permitir que se enfríe.

2 Sazone la carne cruda en tajadas con el aderezo para la carne.

3 Sancoche los brotes de soya y perejil en agua hirviendo y sazone con el aderezo para las verduras.

4 Corte la calabaza en trozos pequeños finos, écheles sal y exprima el exceso de agua. Corte en trozos delgados las raíces de campanilla, amase con sal para eliminar el sabor amargo y suavice la textura. Exprima el exceso de agua. Mezcle con el aderezo y saltee en aceite vegetal.

5 Ablande las frondas en agua durante una a dos horas y sancoche hasta que los tallos se suavicen. Corte en pequeños trozos. Ablande las setas shiitake secas en agua, corte en trozos delgados y saltee junto con el aderezo.

6 Corte los rábanos en trozos delgados, sazone con el aderezo. Corte en rebanadas finas los pepinos y las zanahorias.

7 Corte la gelatina de frijol mungo en capas delgadas. Freír las claras y las yemas de huevo por Separedo en capas muy finas. Corte las laminarias fritas en piezas cortas.

8 Ponga todos los ingredientes preparados encima del arroz en un plato en forma circular. Échele el gochujang (pasta de pimiento rojo picante) encima.

9 También puede Añada un huevo crudo y espolvoree piñones a gusto.

## Nota.

Jeonju ha producido brotes de soya de buena calidad por mucho tiempo ya que cuenta con agua clara y buen clima. El factor clave para determinar el sabor de Jeonju Bibimbap es la carne cruda en tajadas.

La gente está acostumbrada a comer bibimbap acompañado por sopa de brotes de soya, gochujang salteado, aceite de sésamo y nabak kimchi (o kimchi de rábano en agua).

---

* Bibimbap es conocida por ser una comida saludable típica de Corea.

# Hwangdeung Bibimbap
## (Bibimbap con carne cruda en tajadas y verduras)

### Ingredientes

360g de arroz, 200g de carne cruda en tajadas, 100g de brotes de soya, 80g de espinacas, 80g de gelatina de frijol mungo, 470ml de agua para cocinar el arroz, 200g de huevo, polvo de algas secas, una pizca de sal

Aderezo para la carne 2 cucharas de salsa de soya, 1 cuchara de ajo molido, 1 cuchara de aceite de sésamo, 1 cuchara de azúcar, 2 cucharillas de pimiento rojo picante en polvo

Aderezo 4 cucharas de salsa de soya, 2 cucharas de cebolla verde picada, 1 cuchara de ajo molido, 1 cuchara de aceite de sésamo, 2 cucharillas de pimiento rojo picante en polvo

### Receta

1 Ponga el arroz y el agua en una olla a cocinar.
2 Corte la carne en trozos de 5×0,3×0,3cm y mezcle bien con el aderezo para la carne.
3 Sancoche los brotes de soya y las espinacas por Separedo. Sazone las espinacas con sal.
4 Corte la gelatina de frijol mungo en trozos de 5×0,3×0,3cm.
5 Mezcle los ingredientes del aderezo.
6 Mezcle los brotes de soya sancochados y el aderezo con el arroz. Coloque en un plato y agregue la ensalada de espinacas y carne de res cruda cortada encima.
7 Adorne con trozos de algas secas, tiras de claras y yemas de huevo frito, y gelatina de frijol mungo. Añada el aceite de sésamo a gusto.

### Nota.

Sopa de sangre de buey también va bien con bibimbap.
Hay muchas teorías diferentes sobre el origen del Bibimbap (arroz mezclado con vegetales y carne). Aquí están algunas de estas teorías:

① La teoría que afirma que este es un plato que se originó desde el palacio real y que el Bibimbap era una comida ligera que los reyes de la dinastía Joseon comían con sus familiares y amigos cercanos cuando venían al palacio.
② La teoría que afirma que el Bibimbap fue servido durante la huida del palacio/la capital debido a la guerra. Puesto que no había suficiente comida o una cantidad suficiente de platos a servir a los reyes, varios platos de verduras se mezclaron con el arroz, por conveniencia.
③ La teoría que afirma que el Bibimbap se sirvió durante la temporada alta para los agricultores, ya que es difícil preparar una comida completa cada vez y llevar un número suficiente de platos a los campos, por lo que era conveniente mezclar diferentes ingredientes en un tazón.
④ La teoría que se remonta a la rebelión Donghak y afirma que los rebeldes mezclaron diferentes ingredientes en un tazón ya que no habían suficientes platos.
⑤ La teoría que afirma que los diferentes ingredientes utilizados en las ceremonias religiosas se mezclaban en un recipiente después de terminarse las ceremonias para consumir todos los ingredientes a la vez.
⑥ La teoría que afirma que el Bibimbap se inventó para comer todos los alimentos sobrantes del año anterior después de la preparación de manjares para el Año Nuevo con el fin de celebrar la llegada de un nuevo año. Del mismo modo, se mezclaban platos acompañantes de verduras maduras con arroz.

# Pungcheonjangeo Gui
## (Anguila a la parrilla de Pungcheon)

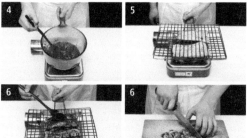

### Ingredientes

1kg de anguila

Aderezo 200 ml de caldo de anguila, 3 cucharas de salsa de soya, 3 cucharas de gochujang(pasta de pimiento rojo coreano) de arroz glutinoso, 2 cucharas de azúcar, 2 cucharas de jarabe, 2 cucharas de zumo de jengibre, 30g de ajo, 2 cucharillas de sake, un poco canela entera

### Receta

Cómo limpiar la anguila

1 Después de fijar la cabeza de la anguila, parta el estómago con un cuchillo desde la parte inferior de la cabeza. Luego de sacar los intestinos, corte la cabeza.

2 Cómo preparar el aderezo

3 Prepare el caldo de anguila tamizando los huesos y las cabezas de anguilas.

4 Añadale al caldo de anguila la salsa de soya, el gochujang de arroz glutinoso, el jarabe, el azúcar, el jengibre, el ajo, y la canela entera. Hiervalo bien y añada el sake.

5 Cómo asar

6 Ponga la parrilla a calentar sobre un fuego de carbón. Ponga la anguila sin aderezo en la parrilla a hasta que esté casi cocinado.

7 Adobe la anguila con el aderezo y siga cocinando hasta que el aceite empiece a hervir. Corte las anguilas en trozos de 3cm.

### Nota.

La anguila es un pescado que también se come en España.

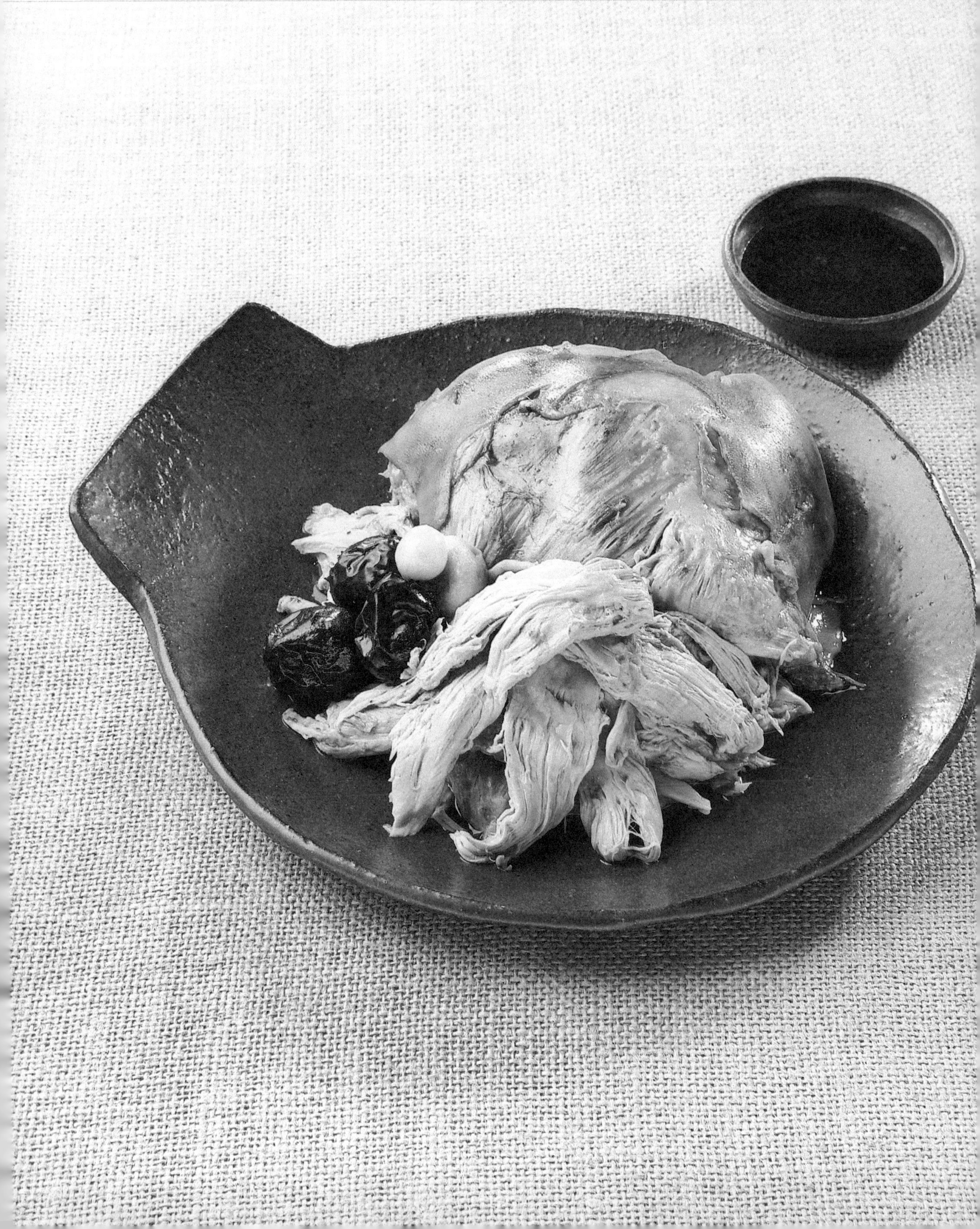

# Aejeo jjim
## (Cochinillo al vapor de Jinan)

### Ingredientes

4 kg de carne de cochinillo, 500g cáscara seca de mandarina, 5 piezas de ginseng, 300g de ajo, 200g de jengibre, 100g de vino refinado de arroz, 100g de castañas (peladas), 100g de ginkgo, 80g de azufaifos, 160g de cebolla, 70g de cebolla verde, agua, gochujang (pasta de pimiento rojo coreano) con vinagre.

### Receta

1 Remoje la carne de cochinillo en agua fría durante 1-2 horas para quitar la sangre.
2 Vierta agua suficiente sobre la carne para cubrirla y agregue la cáscara de mandarina seca, el ginseng, el jengibre, el ajo y el vino de arroz refinado. Hierva durante 2 horas.
3 Cuando todo esté completamente cocido, añada las castañas, los ginkgos, los azufaifos, las cebollas, y las cebollas verdes y siga hirviendo por un tiempo.

### Nota.

El origen de este plato se traza a una época cuando la carne se consideraba un manjar. Se utilizaba un cochinillo que nació defectuoso para hacerlo.
Hay también un plato de carne de cochinillo asado en la cocina tradicional española.

# Daehap jjim
## (Saenghap jjim, almejas al vapor)

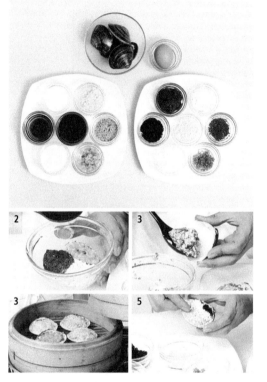

### Ingredientes

2kg de almejas frescas, 170g de doenjang (pasta de soya), 50g de carne, 200g de huevos, 5g líquenes de maná, 60g pimiento rojo picante, 60g de chiles verdes pequeños, 2 cucharas de harina
Aderezo 1/2 cuchara de salsa de soya, cebolla verde picada, ajo molido, azúcar, una pizca de sal de sésamo, aceite de sésamo

### Receta

1 Remoje las almejas en agua con sal para quitar cualquier sedimento. Lave a fondo.

2 Separe la carne de las conchas. Pique la carne, el tofu y la carne de res y mezcle bien con el aderezo.

3 Limpie las conchas de almejas y retire el exceso de humedad. Rellene las conchas con los ingredientes del paso 2 y espolvoree con harina. Aplique con un cepillo una yema de huevo por encima y luego cocine al vapor.

4 Hierva el resto de los huevos. Separe las claras y las yemas de los huevos y páselas por el tamiz individualmente para hacerlas polvo. Pique finamente los liquenes de maná, el pimiento rojo picante, y los pimientos verdes.

5 Espolvoree los ingredientes picados del paso 4 sobre las almejas al vapor del paso 3.

### Nota.

El plato de almejas al vapor es más adecuado para la primavera y el otoño. Este plato se prepara mezclando carne de res y setas con carne de almeja y rellenando la concha de almeja con la mezcla. En el 『Jeungbo sallim gyeongje (Un libro sobre la agricultura de Corea durante la dinastía Joseon)』, esto se llama el Daehapjeung mientras 『Nuestra Comida』 Nuestra Alimentación, 『Cocina casera alrededor del mundo』, 『Comida coreana』, y 『Comida tradicional coreana』, se llaman Deahap jjim (Almejas al vapor). Por otra parte, 『Sallim gyeongje』 introduce la receta para las almejas, diciendo que "se aconseja colocar la carne de almeja seca encima del arroz, en lugar de comerlos tal y como están o hacer una sopa de almejas. También pueden ser saladas y fermentadas como salsa." Se dice que las almejas al vapor siempre se servían en las fiestas.

# Jeonju gyeongdan
## (Bolas de arroz dulces de Jeonju)

### Ingredientes

900g de arroz glutinoso, 1/2 taza de tiras de castaño, 1/2 taza de tiras de azufaifo, 1/2 taza de tiras de caqui seco, 75g de azúcar, 150ml de agua, 1 cuchara de sal

### Receta

1 Lave el arroz glutinoso y suavize en el agua durante más de 5 horas. Añada sal y muela y tamize el arroz.

2 Vierta agua hirviendo en el polvo de arroz glutinoso poco a poco y mezcle bien. Bata la mezcla hasta que se ablande.

3 Envuelva la masa con un paño de algodón húmedo limpio. Haga bolitas con la masa del tamaño de una castaña.

4 Ponga el azúcar y el agua en una olla a hervir. Añada las bolas del paso 3 y siga hirviendo.

5 Cuando las bolas comienzen a flotar a la superficie, saquelas y lavelas en agua fría. Tamize para drear el agua.

6 Esparza las tiras de castañas, azufaifos y caquis secos por separado en un plato. Coloque las bolas sobre ellos y cubra con las tiras que sobran.

# Jeollanamdo

La comida de Jeonnam es particularmente variada. Hay una gran cantidad de mariscos en la costa suroeste, y en las zonas montañosas del noreste se consumían muchas hiervas y vegetales silvestres. La raya es muy valioso en Jeonnam y era un plato que nunca faltaba en las bodas y otras ocasiones especiales. El Kimchi de Jeonnam se hacía con una variedad e de ingredientes principales como el repollo, el rábano, rábano, el pepino, hojas de mostaza, lechuga coreana, cebolla verde, pimiento verde, ajo verde, alga verde, etc. mezclado con mucho escabechado y pimiento rojo en polvo, y tenía poco jugo. Las tortas de arroz en Jeonnam añadían mucha sal y azúcar a la masa de arroz, y le daban un color verde con hojas de ramio o artemisia.

# Daetong bap
## (Arroz en un tallo de bambú)

### Ingredientes

150g de arroz no glutinoso (o 3/4 taza), 30g de arroz integral, 30g arroz de cebada, 10g de arroz negro, 130g de castañas, 30g de ginkgos, 16g de azufaifos, un poco de agua

### Receta

1. Mezcle y lave bien el arroz no glutinoso, arroz glutinoso, arroz integral, arroz de cebada y arroz negro. Ablande en agua por una noche.
2. Escurra el arroz y llene 60% de un recipiente de tallo de bambú con el arroz ablandado del paso 1. Vierta en el agua hasta que llegue a 1cm encima del arroz.
3. Añada las castañas, los ginkgos, los azufaifos y los piñones encima del arroz. Cubra con hanji (un papel tradicional coreano).
4. Coloque el tallo de bambú en una olla. Llene de agua hasta que llegue a la mitad de la altura del tallo de bambú. Cocine al vapor durante 40 minutos.
5. Deje que el arroz se asiente en su propio calor de cinco a diez minutos.

# Yukhoe Bibimbap
## (Bibimbap con carne cruda en tajadas)

### Ingredientes

840g de arroz cocido, 200g de carne de res, 100g de brotes de soya, 100g de espinacas, 100g de calabacín, 100g de setas de pino, 100g de rábanos en rodajas, 5g de lechugas, 200g de huevos, 5g de algas secas en polvo, 4 cucharas de gochujang (pasta de pimiento rojo picante), 1 cuchara de pimiento rojo picante en polvo, 6 cucharas de cebolla verde picada, 3 cucharas de ajo molido, 1 cucharilla de sal, salsa de soya, aceite de sésamo, sal de sésamo

### Receta

1 Corte la carne en trozos en la dirección opuesta de la textura (5x0,2x0,2cm). Condiment con aceite de sésamo y sal de sésamo.

2 Limpie los brotes de soya. Añada sal en una olla y sancoche los brotes de soya. Sazone bien con la cebolla verde picada, el ajo molido, sal y aceite de sésamo.

3 Sancoche las espinacas y enjuague con agua fría. Exprima el exceso de agua. Sazone bien con la cebolla verde picada, el ajo molido, la salsa de soya, y aceite de sésamo.

4 Sancoche las frondas suavizadas en agua. Sazone con salsa de soya, aceite de sésamo, ajo molido y sal de sésamo, y salteelas.

5 Corte el calabacín en trozos pequeños (5x0,2x0,2cm). Triture las setas de pino con las manos y salteelas con sal y aceite de sésamo. Corte la lechuga en trozos de 0,2 cm de ancho.

6 Agregue el pimiento rojo picante en polvo, el ajo molido, sal, aceite de sésamo y sal de sésamo a los rábanos en rodajas y mezcle bien.

7 Coloque el arroz cocido en un tazón. Agregue los ingredientes preparados encima del arroz, y añada la yema de huevo, la sal de sésamo, gochujang (pasta de pimiento rojo picante), y algas secas en polvo encima de todo.

# Muneojuk
## (Gachas de pulpo)

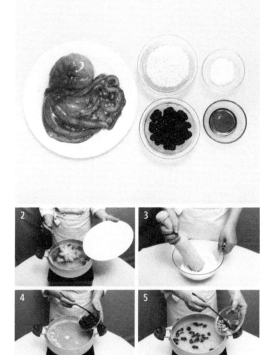

### Ingredientes

Un pulpo, 180g de arroz, 10g de azufaifo, 1.4L de agua, 4 cucharas de aceite de sésamo, 1 cuchara de sal

### Receta

1 Voltee la cabeza del pulpo para eliminar las tripas, y límpielo frotandolo con sal.

2 Después de hervir ligeramente el pulpo, lavelo bien en agua fría. Vuelva a hervirlo, escúrra y píquelo, y guarde el agua en otro recipiente.

3 Lave bien el arroz, remojelo, y luego escurralo y muélalo moderadamente.

4 Eche el aceite de sésamo en una sartén y fría el arroz remojado. Añada bastante caldo del pulpo hervido hiervalo bien junto con el azufaifo.

5 Añada los pulpos picados a hervir, y cuando el arroz quede ablandado, echele sal a gusto.

# Naju gomtang
## (Estofado de hueso estilo Naju)

### Ingredientes

Huesos de buey, 150g de carne de res (pierna, falda), 200g de rábanos, 50g de cebolla, 35g de cebolla verde, 15g de ajo, 50g de huevo, ajo molido, pimiento rojo picante en polvo, sal, aceite de sésamo, semillas de sésamo, agua

### Receta

1 Ponga los huesos de buey en una olla y vierta sobre ellos agua suficiente para cubrirlos. Ponga a hervir por un buen tiempo. Vierta el caldo en otro recipiente.

2 Vierta agua sobre los huesos de buey y hiervalos de nuevo, esta vez hasta que el color se convierta en un blanco claro. Mezcle los caldos de los pasos 1 y 2.

3 Añada la carne, los rábanos, las cebollas, algunas de las cebollas verdes y ajo en el caldo combinado y deje hervir.

4 Cuando la carne esté cocida, sáquela y córtela en trozos finos. Pique la cebolla verde restante.

5 Tamize el caldo del paso 3 para que quede claro.

6 Fría la clara de huevo y la yema separadamente en capas muy delgadas y córtelas en trozos de 5x0,2x0,2cm

7 Ponga el caldo del paso 5 en un tazón. Ponga la carne en tajadas en el tazón. Adorne con la cebolla verde picada, el ajo molido, las tiras de claras y yemas de huevo, semillas de sésamo, aceite de sésamo y pimiento rojo en polvo. Sirva con sal.

### Nota.

El Naju gomtang sabe especialmente bien. A diferencia del seolleongtang (sopa de hueso de buey) u otras sopas, no requiere de otras tripas de res. Cuando se añaden faldas, piernas, o cuellos de res, y se hierve junto, el caldo se hace mucho más claro y más sabroso.

# Nakjiyeonpotang
## (Sopa de pulpo pequeño)

### Ingredientes

1kg de pulpos pequeños, 30g de perejil, 30g de pimiento verde, 30g de pimiento rojo, 10g de cebolla verde, 1.6L de agua, 1 cuchara de ajo picado, sal a gusto, aceite de sésamo, un poco de sésamo

### Receta

1 Ponga el pulpo pequeño fresco en agua salada y lávelo bien con agua fría.

2 Corte el perejil en tiras de 5cm, y corte cebolla verde en tiras diagonalmente (0,3cm)

3 Quítele las semillas a los pimientos verdes y pimientos rojos y píquelos.

4 Eche el agua en la olla y añada el pulpo, el perejil, las cebollas verdes, los pimientos, y el ajo picado. Hierva hasta que la sopa quede de color rojo.

5 Sazone con sal, y como toque final échele aceite de sésamo y semillas de sésamo.

# Juksun tang
## (Sopa de brotes de bambú)

### Ingredientes

400g de brotes de bambú, un pollito (de aproximadamente 800g), 2 cucharas de arroz glutinoso, 20g de ajo, 600 ml de agua de arroz, 2,4 litros de agua, 1 cucharilla de sal, una pizca de pimienta negra

### Receta

1 Corte el pegamento de un pollito y quite los menudillos. Lave muy bien por dentro y por fuera para quitar toda la sangre y escurra.

2 Hierva los brotes de bambú en el agua de arroz. Remoje en agua tibia para eliminar el sabor amargo.

3 Lave el arroz glutinoso y luego suavice en agua.

4 Rellene el pollito con el arroz glutinoso suavizado y el ajo. Cosa la cavidad del cuerpo con hilos de algodón.

5 Coloque el pollo preparado en una olla con los brotes de bambú, vierta suficiente agua para cubrir y ponga a hervir.

6 Una vez que el pollo esté completamente cocido, saque el pollo y los brotes de bambú. Sazone el caldo con sal y pimienta negra.

7 Corte en tiras la carne de pollo y los brotes de bambú. Colóquelos en un recipiente y vierta el caldo por encima.

# Nakji horong Gui
## (Pulpo pequeño a la parrilla)

### Ingredientes

1kg de pulpo pequeño, 50g de huevos, 1/2 cuchara de sal
Aderezo 2 cucharas de salsa de soya, 1 2/3 cuchara de cebolla verde picada, 1 cuchara de ajo picado, 1 cuchara de semillas de sésamo, un poco de aceite de sésamo

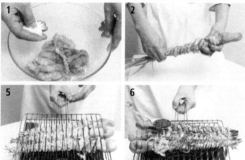

### Receta

1 Echele sal al pulpo y frote uniformemente, y enjuague con agua corriente.
2 Corte paja uniformemente en el tamaño adecuado. Doblelo a la mitad e insertelo a la cabeza de los pulpos. Pare los pulpos en el eje de la paja y enrolle las patas del pulpo.
3 Prepare el aderezo mezclando la salsa de soya, la cebolla verde picada, el ajo picado, las semillas de sésamo, y el aceite de sésamo.
4 Separe las yemas y las claras de los huevos y fríalos en capas delgadas. Córtelos finamente en tiras(2x0,2x0,2cm)
5 Coloque la parrilla encima del fuego de paja y ponga los pulpos a cocinar (o cocinelo en una sartén con aceite).
6 Cocine el pulpo volteándolo lentamente, y adobandolo con el aderezo.
7 Sirva cuidadosamente en un plato y adorne con las tiras de huevo.

# Mareun hongeo jjim
## (vapor seco Skate)

### Ingredientes

Skate 1kg

Para la salsa de condimentos salsa de soya 3 cucharadas de polvo de pimiento rojo caliente 2 cucharadas, picado cebolla pequeña 1 cucharadita, 1 cucharada de ajo molido, 1 cucharadita de azúcar, aceite de sésamo 1 cucharadita de sal 1 cucharadita de sésamo, sal, un poco cortado en rebanadas finas de color rojo pimientos picantes

### Receta

1 Coloque el skate en un plato y secar a la sombra. Córtala en tres pedazos y luego los de vapor.

2 Para hacer la salsa condimentada con las anteriores.

3 Cuando el patín esté completamente cocido, poner en un plato y cubrir conla salsa de condimento.

# Kkomak muchim
## (Almejas pequeñas sazonadas)*

### Ingredientes

400g de almejas pequeñas, agua, sal

Aderezo 2 cucharas de salsa de soya, 1 cuchara de pimiento rojo picante en polvo, 2 cucharas de cebolla verde picada, 1 cuchara de ajo molido 1/2 cuchara de jengibre molido, 1 cucharilla de azúcar, aceite de sésamo, semillas de sésamo, pimiento rojo picante en tiras

### Receta

1 Frote las almejas pequeñas en agua corriente y luego remoje en agua salada durante 2 horas para eliminar cualquier sedimento.

2 Mezcle los ingredientes para hacer el aderezo.

3 Ponga las almejas pequeñas en agua hirviendo. Baje el fuego y siga hirviendo sin dejar de remover. Saque las almejas de la olla antes de que las conchas se abran completamente.

4 Quite un lado de la concha y luego coloquelas en un plato.

5 Salpique el aderezo en las almejas.

---

* Este plato es muy popular entre la gente coreana.

# Bajirak hoemuchim
## (Almejas sazonadas)

### Ingredientes

300g (o 1 1/2 tazas) de carne de almejas de cuello corto, 400g de calabacín, 145g de pepinos, 80g de perejil, 50g de zanahorias, 30g de cebolla verde pequeña

Para el gochujang (pasta de pimiento rojo picante en vinagre) 3 cucharas de gochujang (pasta de pimiento rojo picante), 3 cucharas de vinagre, 2 cucharas de pimiento rojo picante en polvo, 2 cucharas de azúcar, 1 cuchara de ajo molido, 1 cuchara de semillas de sésamo, 1 cucharilla de sal

### Receta

1 Sancoche las almejas en agua hirviendo.

2 Corte la calabaza y las zanahorias en pequeños trozos (5x0,3x0,3cm). Pele y despepite los pepinos y cortelos diagonalmente en trozos de 0,3cm de largo.

3 Corte en trozos el perejil en trozos de 5cm y sancoche en agua hirviendo.

4 Corte las cebollas verdes pequeñas en trozos de 2cm de largo. Corte la parte blanca en dos pedazos.

5 Después de hacer la pasta de pimiento rojo con vinagre, añada el calabacín, los pepinos, las zanahorias, el perejil, las cebollas verdes pequeñas y carne de almeja y mezcle bien.

**Nota.**

Como alternativa se puede elegir otras almejas

# Gim bugak
## (Algas fritas)

### Ingredientes

200g de algas secas (o alrededor de 100 hojas de algas secas), 500g de polvo de arroz glutinoso, caldo (ingredientes: anchoas, algas, setas shiitake, 1,6L de agua), 90g de semillas de sésamo, 3 tazas de aceite vegetal, sal y salsa de soya

### Receta

1 Prepare las algas secas.
2 Agregue el polvo de arroz glutinoso al caldo de anchoa, algas, setas shiitake y sazone con sal y salsa de soya. Remueva la mezcla con una cuchara de madera para hacer una goma pegajosa de arroz glutinoso.
3 Coloque una hoja de algas marinas secas en un tablero de cocina. Aplique el pegamento del paso 2. Espolvoree las semillas de sésamo sobre ella. Cubra con otra hoja de algas marinas secas. Seque al sol.
4 Cuando estén bien secas, córtelas en cuatro trozos. Envuelva con una bolsa de plástico para conservar. Fríalos ligeramente/rápidamente a fuego lento justo antes de comer.

# Acacia bugak
## (Acacia frita)*

**Ingredientes**

300g flores de Acacia, 1 taza de pegamento de arroz glutinoso, aceite vegetal

**Receta**

1 Lave las flores de acacia bien y agite en un tamiz para eliminar la humedad.

2 Aplique el pegamento de arroz glutinoso en ambos lados de las flores de acacia. Organize de forma independiente en una bandeja. Seque completamente en la sombra. Aplique el pegamento de nuevo y seque al sol.

3 Fríalos ligeramente a fuego lento.

* Es muy popular como postre ya que su sabor es dulce y huele genial.

# Kkaetnip bugak
## (Hojas de sésamo fritas)

### Ingredientes

Hojas de sésamo, harina, jarabe de grano (o jarabe de glucosa), cebolla verde picada, ajo molido, jengibre picado, sal, aceite de sésamo, aceite vegetal

### Receta

1 Lave las hojas de sésamo bien. Remoje en el agua salada durante unos 10 minutos. Enjuague con agua.

2 Mezcle con harina y cocine al vapor por 30 minutos.

3 Seque completamente las hojas de sésamo y luego fríalas en aceite vegetal.

4 Mezcle el jarabe de grano (o jarabe de glucosa), la cebolla verde picada, el ajo molido, el jengibre picado, la sal y el aceite de sésamo y hiérvalos.

5 Remoje las hojas de sésamo fritas en el jarabe y deje enfriar.

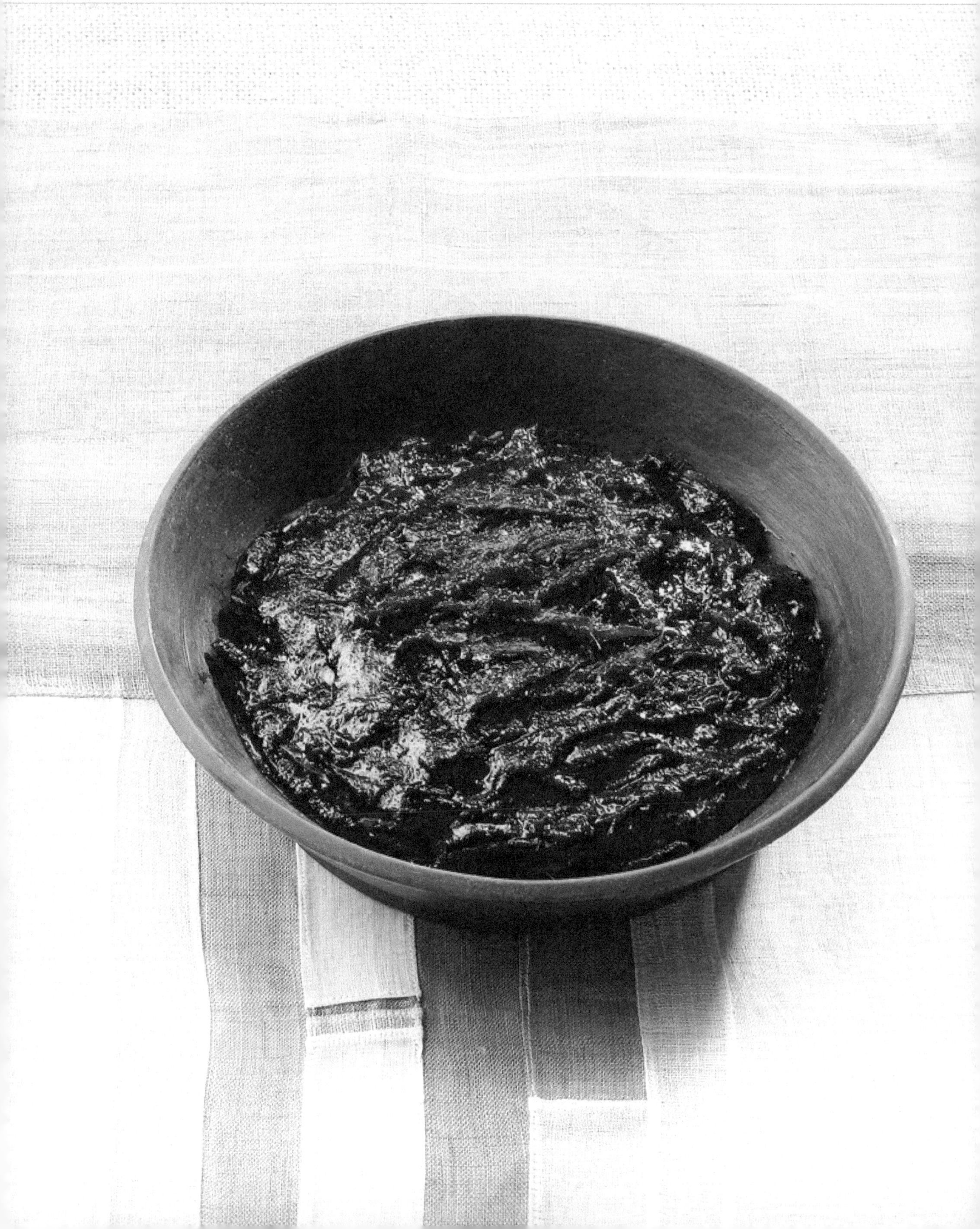

# Gulbi jangajji
## (Encurtido de pescado seco)

### Ingredientes

700g de gulbi (pescado seco) 4 1/3 tazas de gochujang (pasta de pimiento rojo coreano), 1 3/4 tazas de salsa de soya, 1 3/4 tazas de jarabe, 1 cuchara de ajo picado

Aderezo ajo picado, aceite de sésamo, semillas de sésamo

### Receta

1 Mezcle bien el gochujang (pasta de pimiento rojo coreano), la salsa de soya, el jarabe. Hierva y luego ponga la mezcla a enfriar.

2 Añada el ajo picado a la mezcla (el ajo debe esperar hasta que se enfríe antes de añadirlo).

3 Limpie bien el pescado.

4 En un tazón, ponga intercambiando un cucharón del gochujang (pasta de pimiento rojo coreano) y un pescado alternadamente. Cubra la parte de encima con el gochujang (pasta de pimiento rojo coreano) y cierre la tapa y deje fermentar por 2 meses.

5 Después de 2 meses, saque el pescado fermentado y córtelo en trozos de 1 cm de largo, y sírvase con el aderezo de ajo picado, aceite de sésamo, y semillas de sésamo.

# Moyakgwa
## (Dulces de miel fritos)

### Ingredientes

1kg de harina, 20g de jengibre, 1 taza de vino de arroz refinado, 1/2 taza de aceite vegetal, 1/2 taza de aceite de sésamo, 2 cucharas de canela en polvo, 1 cuchara de sal, unos piñones

Para el almíbar 2 tazas de jarabe de glucosa, 2 cucharas de azúcar, 200ml de agua

### Receta

1 Mezcle bien la harina, la canela en polvo, la sal, el aceite de sésamo y el aceite, y tamice mientras va frotando con las manos.

2 Muela el jengibre para hacer jugo y mezcle con el vino de arroz refinado.

3 Mezcle los ingredientes de los pasos 1 y 2 para hacer la masa en bruto.

4 Extienda la masa en una capa de 0,5cm y corte en trozos de 3x3cm. Marque el borde o hágale un agujero en el centro de cada trozo.

5 Fría la masa por 10 minutos a 150℃, 15 minutos a 100℃ y luego 5 minutos a 150 ℃.

6 Mezcle bien el jarabe de glucosa, el azúcar y el agua, y ponga a hervir para hacer el jarabe. Aplique el jarabe a los dulces fritos hechos en el paso 5.

# Saenggang jeonggwa
## (Dulce de jengibre)

### Ingredientes

100g de jengibre, 2 tazas de jarabe de glucosa, 3 cucharas de azúcar, 1/2 cucharilla de sal

### Receta

1 Pele el jengibre y corte en capas delgadas

2 Ponga un poco de sal y sancoche el jengibre en agua hirviendo. Lave el jengibre sancochado y enjuague con agua fría. Coloque en una bandeja.

3 Mezcle el jarabe de glucosa, el azúcar y el agua en una olla y ponga a hervir a fuego fuerte. Añada el jengibre y cocine a fuego lento con la tapa abierta. Retire la espuma mientras está hirviendo.

4 Cuando estén completamente cocidos, sáquelos uno a uno y deje enfriar.

### Nota.

Jeonggwa también se llama jeongwa, que es un tipo de caramelo pegajoso que sabe dulce. Es hecha estofando raíces de verduras, frutas, tallos o bayas como las raíces de loto, campanilla, jengibre, ginseng, membrillo amarillo, cidro, manzana o fruto de la viña de matrimonio china y luego agregando la miel o el azúcar. El jengibre cocido se puede secar para convertirse en un dulce seco.

# [ Gyeongsangbukdo ]

Como reflejo de su sociedad conservadora, en Gyeongbuk la comida tradicional fue indigenizada y se ha desarrollado a la comida local de hoy en día. En la región cultural de Andong se desarrolló la comida ceremonial de la cultura confuciana, y en el área de Gyeongju se desarrolló la comida de rituales ancestrales y la Cocina Real bajo la influencia de la cultura budista del reino de Silla. En las llanuras amplias y fértiles en torno al río Nakdong en el interior, aparte del arroz había una variedad de vegetales y de carne en abundancia en cada temporada. Además, teniendo la costa más larga del país en el Mar Este, se han desarrollado los alimentos almacenados como los mariscos escabechados. En las montañas, se han desarrollado las producción de papas, batatas, trigo negro y gelatina de bellota. El sabor de la comida suele ser muy picante y salado, y se hacen casi sin ninguna decoración.

# Daege bibimbap
## (Bibimbap con cangrejo al vapor)

### Ingredientes

840g de arroz hervido, 2 cangrejos, 150g de pepinos, 120g de calabacín, 120g de zanahorias, 80g de raíces de campanilla, 50g de huevos, 2g de alga prensada, 1 cuchara de sal, 1 cucharilla de aceite vegetal, 1/2cuchara de aceite de sésamo, 1 cuchara de ajo molido, 1 cuchara de sal de sésamo, una pizca de azúcar

### Receta

1 Lave bien los cangrejos y pongalos sobre sus espaldas en una olla. Cocine al vapor por 10 minutos.

2 Pele las calabazas y los pepinos y corte en trozos de 5cm de largo. Echele sal para eliminar el exceso de humedad y saltee en una sartén.

3 Corte las zanahorias en tiras (5×0,2×0,2cm). Ponga las zanahorias a sancochar en agua hirviendo con un poco de sal. Saque las zanahorias y sazone con sal y aceite de sésamo. Pongalas a freir en una sartén.

4 Primero corte las raíces de campanilla en trozos de 5cm de largo y corte en trozos delgados. Frote con sal para eliminar el sabor amargo. Sancoche en agua hirviendo. Saque el raíces de campanilla de la sartén y sazone con el azúcar, el ajo molido, la sal de sésamo y el aceite de sésamo, y fría en una sartén.

5 Fría la clara de huevo y la yema separadamente en capas delgadas y córtelas en trozos delgados (5×0,2×0,2cm).

6 Ase las algas prensadas ligeramente y rómpalas un poco.

7 Quite las tapas y las entrañas de los cangrejos cocidos al vapor. Arranque la carne de las piernas.

8 Coloque el arroz cocido en un tazón. Coloque los vegetales de los pasos 2, 3 y 4 encima, así como la carne de cangrejo. Adorne con las algas prensadas y las claras y yemas de huevo en tiras.

175

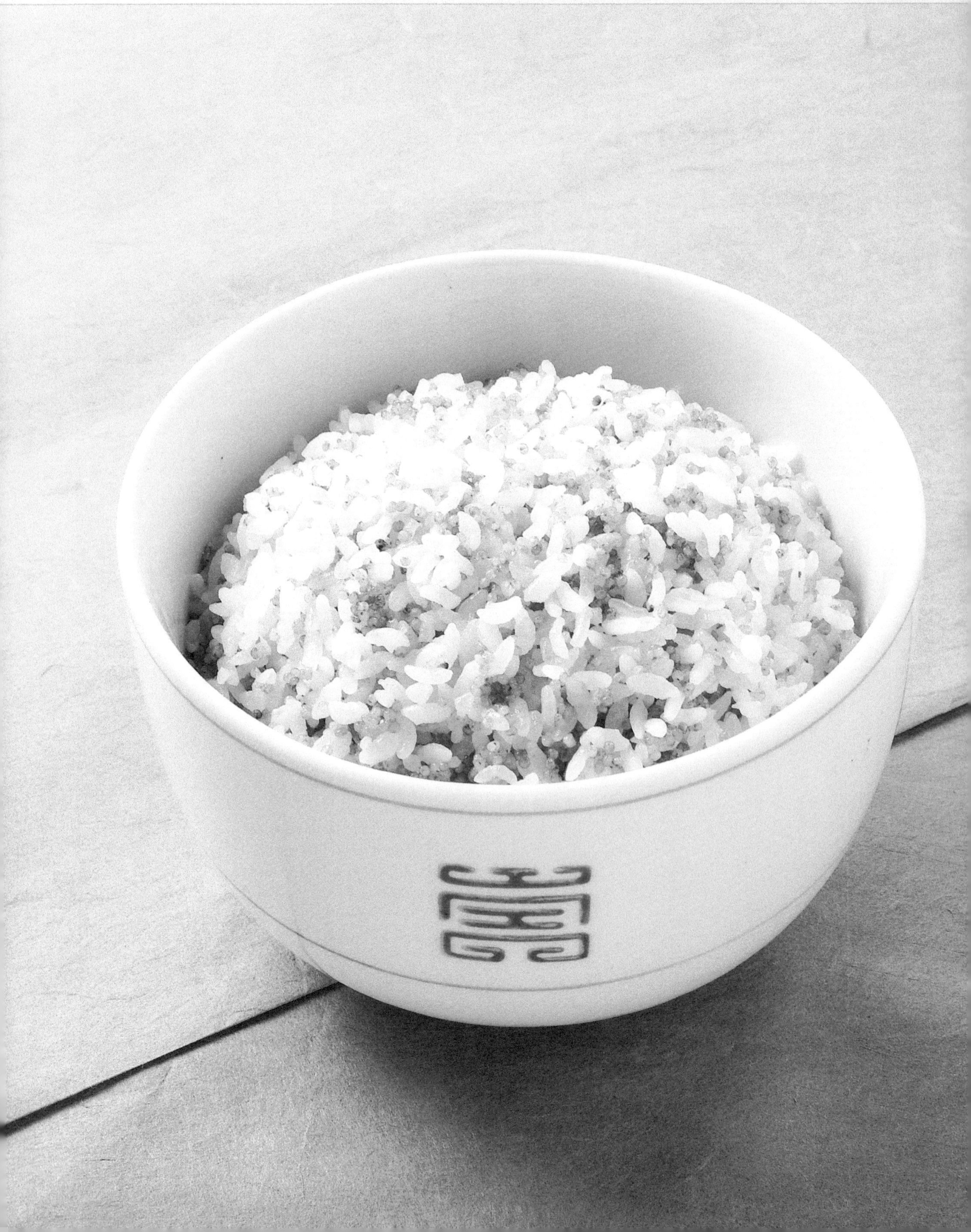

# Jobap
## (Arroz con mijo)

### Ingredientes

270g de arroz, 75g de mijo glutinoso, 470ml de agua

### Receta

1 Lave bien el arroz y suavize en agua durante 30 minutos.

2 Lave el mijo glutinoso y suavize en agua durante 30 minutos. Quite el agua.

3 Vierta el agua sobre el arroz ablandado en una olla y ponga a hervir. Cuando empieze a hervir, agregue el mijo glutinoso y hierva de nuevo.

4 Deje el arroz asentarse en su vapor.

### Nota.

El arroz puede mezclarse con el mijo desde el principio y hervirlos juntos. También se puede agregar frijoles colorados, semillas de soya o mijo de India.

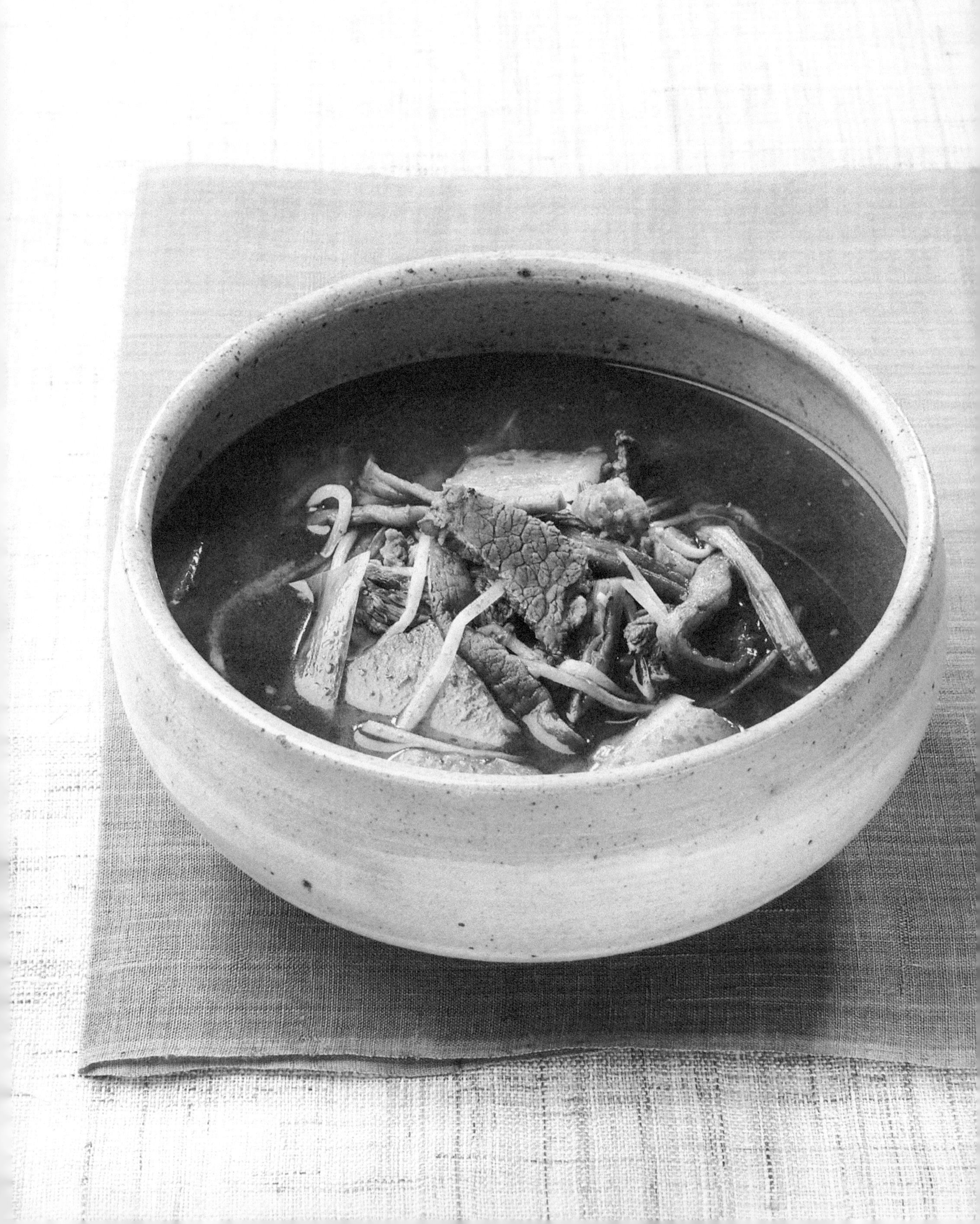

# Daegu yukgaejang
## (Estofado de carne picante)*

### Ingredientes

600g de carne de res (falda), 200g de rábanos, 300g de brotes de frijol mungo, 200g de tallos taro, 70g de cebolla verde, 3L de agua, 2 cucharillas de pimiento rojo picante en polvo, 1 cucharilla de aceite de sésamo, 1 cucharilla de sal

Para el condimento 2 cucharas de salsa de soya, 1 cuchara de cebolla verde picada, 1 cuchara de ajo molido, 1 cucharilla de sal de sésamo, una pizca de pimienta negra

### Receta

1 Corte los rábanos y la carne en tamaños de bocado. Ponga los rábanos y la carne de res a hervir en fuego lento.

2 Corte las colas de los brotes de frijol mungo. Sancoche en agua hirviendo y lave en agua fría. Exprima el exceso de humedad.

3 Sancoche los tallos de taro en agua hirviendo y lave en agua fría. Exprima el exceso de humedad y corte en trozos de 10 cm de largo.

4 Cuando la carne y los rábanos del paso 1 esten cocinados, saquelos del caldo. Corte la carne en capas delgadas. Corte los rábanos en trozos rectangulares de (2×2×0,5cm). Sazone con los condimentos.

5 Ponga los tallos de taro sancochados y las cebollas verdes en el caldo y ponga a hervir. Cuando empiezen a hervir, añada los brotes de frijol mungo, la carne sazonada y los rábanos, y póngalos a hervir una vez más.

6 Combine el aceite de sésamo, pimientos rojos picantes en polvo y 2 cucharas del caldo en el paso 11 y mezcle bien. Pongalos de nuevo en el caldo y mezcle bien. Sazone con sal.

### Nota.

El estofado picante de bacalao ha sido conocido a nivel nacional por los refugiados desde la guerra de Corea en 1950.

* Muchos coreanos disfrutan de este tipo de plato guisado

# Dubu saengchae
## (Ensalada de tofu)

### Ingredientes

500g de rábanos, 120g tofu, 1 cucharilla de sal

Aderezo: Pimiento rojo picante en polvo, 1 cucharilla de sal, 1 cuchara de aceite de sésamo, 1 cuchara de sal

### Receta

1 Finamente rebanada en tiras los rábanos (5×0,2×0,2cm) y echeles sal. Escurra el agua.

2 Muela el tofu con el dorso de un cuchillo. Envuelva con un paño de algodón y escurra para eliminar el exceso de humedad.

3 Mezcle bien los rábanos en rodajas y el tofu con el pimiento rojo picante en polvo. Sazone con la sal, la sal de sésamo y el aceite de sésamo.

# Gajami Jorim
## (Mijuguri Jorim, Mulgajami Jorim, Platija estofada con verduras)

### Ingredientes

200g de platijas secas, una pizca de semillas de sésamo

Aderezo 2 pimientos picantes secos, 4 cucharas de salsa de soya, 1 cuchara de pasta de pimiento rojo picante, 2 cucharas de pimiento rojo picante en polvo, 1/2 taza de jarabe de glucosa, 1 cuchara de azúcar, 200ml de agua, 1 cucharilla de ajo molido, un poco de aceite vegetal

### Receta

1 Corte el pimiento picante seco en trozos de 1 cm de largo

2 Mezcle los ingredientes para el aderezo. Ponga a hervir y deje enfriar.

3 Corte las platijas secas en tamaños de bocado. Fría en aceite hasta que estén crujientes. Deje que se enfríen.

4 Sazone las platijas fritas con el aderezo, y espolvoree las semillas de sésamo encima.

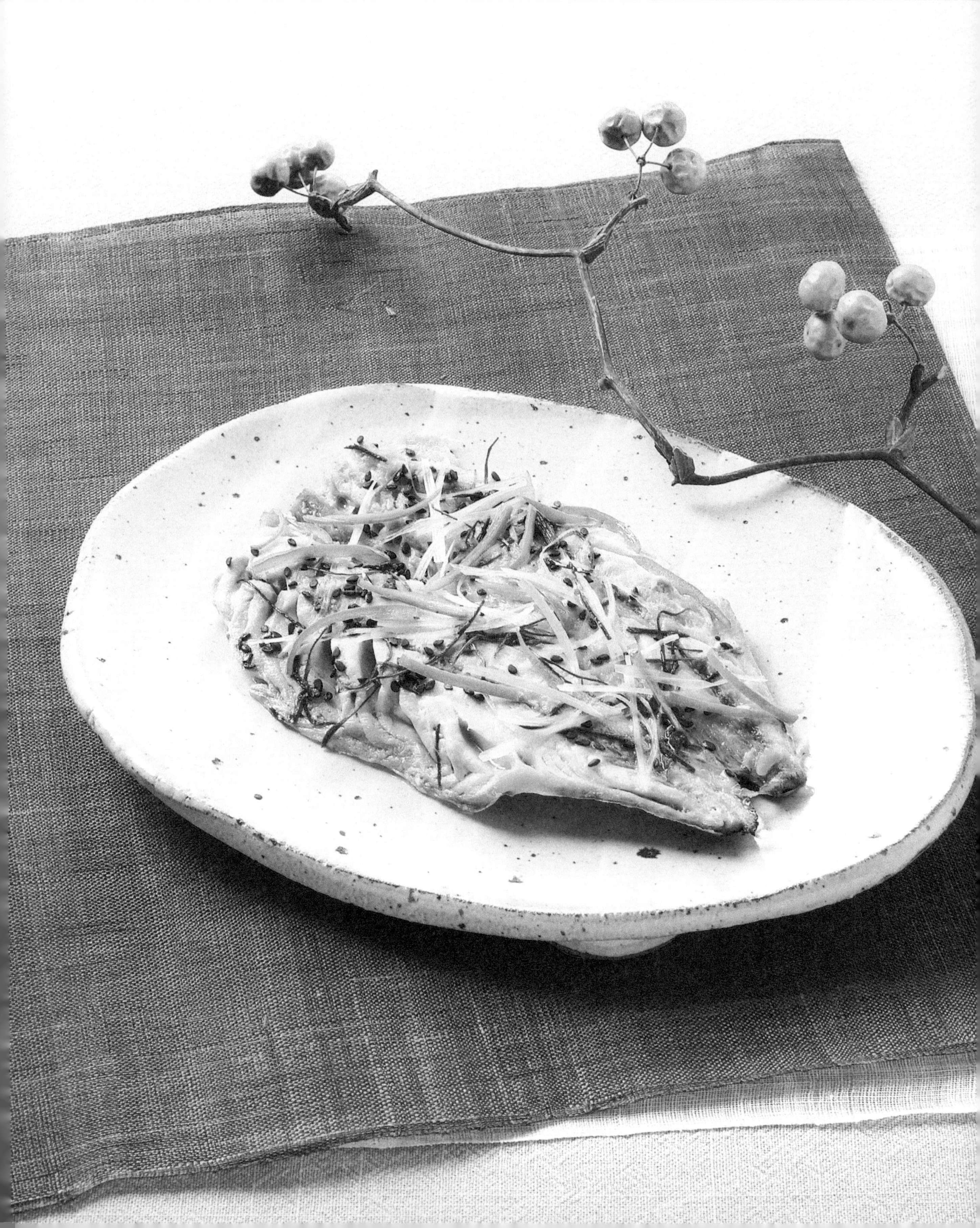

# Jaban godeungeo jjim
## (Estornino al vapor)

### Ingredientes

400g de estornino salado, 30g de pimientos verdes, 35g de cebollas verdes, una pizca de semillas de sésamo negro y pimientos rojos picados, 1L de agua de arroz

### Receta

1 Corte los pimientos verdes en dos pedazos. Despepitelos y cortelos en trozos finos (3×0,1×0,1cm).
2 Elija sólo la parte blanca de las cebollas verdes y cortelas en trozos (3×0,1×0,1cm).
3 Retire las colas y los huesos del estornino salado. Sumérjalo en el agua de arroz para quitarle el sabor salado.
4 Coloque un paño de algodón en el fondo de una olla a vapor. Coloque el estornino y adorne con los pimientos verdes, las cebollas verdes, el pimiento rojo en rodajas y las semillas de sésamo negro. Cocine al vapor durante 40 minutos.

### Nota.

El Jaban godeungeo (gan godeungeo o estornino salado) se originó del estornino disfrutado en la provincia de Andong. Le echaban sal al estornino capturado en el Mar del Este a fin de que no se echaran a perder durante el transporte. El estornino salado se convirtió en una especialidad de esta región, ya que era especialmente delicioso. Los estorninos al vapor se sirven con lechuga, hojas de petasite, laminariales y pasta de soya.

# Hongsi ddeok
## (Sangju seolgi, Gam seolgi, torta de arroz con caquis blandos)

### Ingredientes

1kg de arroz no glutinoso en polvo, 3 caquis blandos, 75g de zanahorias, 150g de azúcar, 75g de jarabe de glucosa, 1 cuchara de sal, 100ml de agua

### Receta

1 Quite los tallos de los caquis blandos. Haga tajos en los caquis blandos y pelelos. Vierta agua sobre los caquis blandos y póngalos a hervir. Coloque en un tamiz para sacudir el exceso de agua.

2 Talle las zanahorias en bellas formas (forma de flor, etc) y suavizelas en el jarabe de glucosa durante una hora.

3 Combine el polvo de arroz no glutinoso, los caquis blandos y la sal y mezcle bien. Tamizelos y sazonelos con azúcar.

4 Coloque una tela de algodón en una olla a vapor coloque la mezcla del paso 3.

5 Cuando el vapor se eleve, cubra con otro paño y cocine al vapor durante 15 minutos más.

6 Corte en tamaños de bocadito y colóquelos en un plato. Decore con las zanahorias.

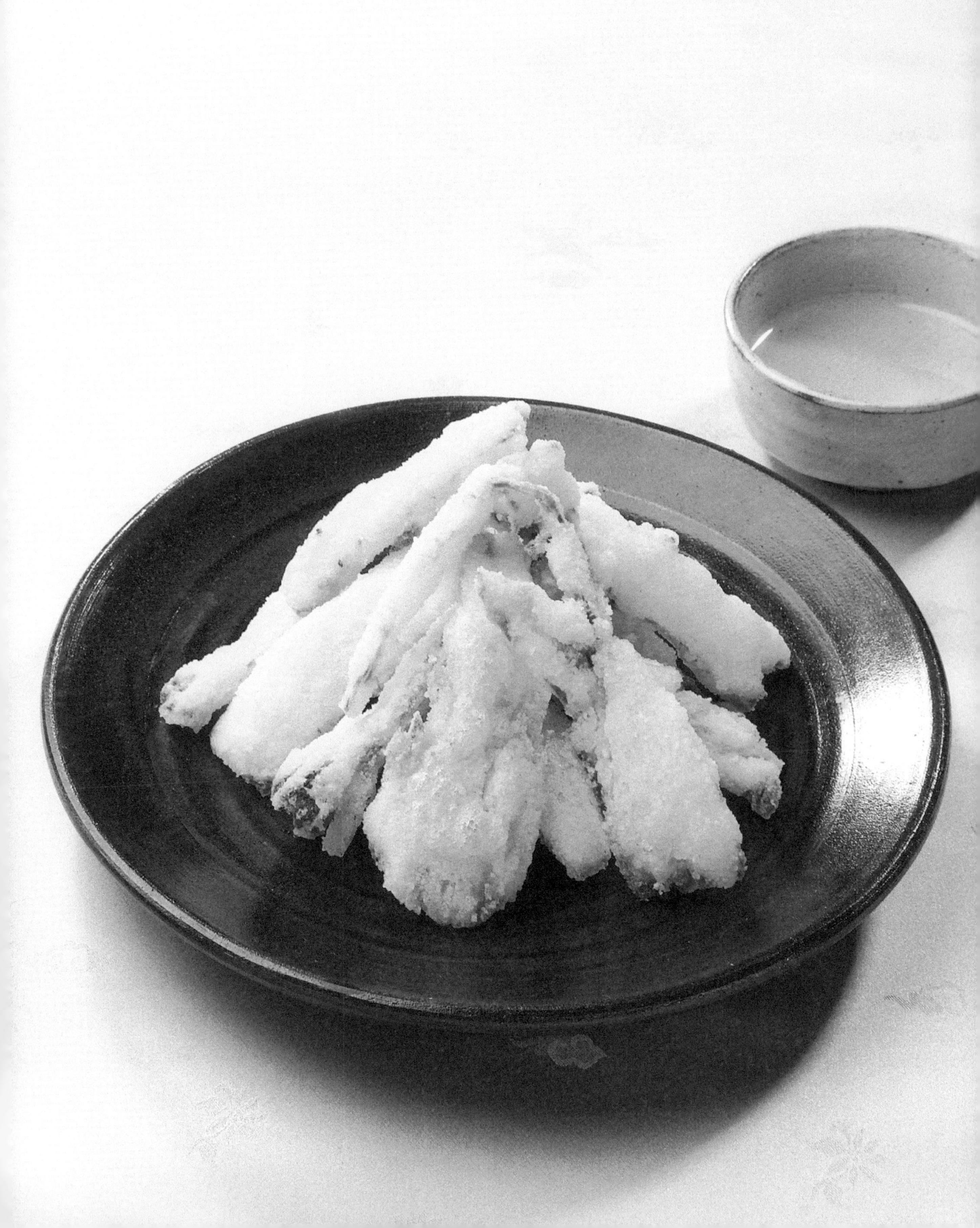

# Seop sansam
## (Deodeok frito)

### Ingredientes

200g de raíces de deodeok (raíces de la Codonopsis lanceolata), 50g de polvo de arroz glutinoso, 200 ml de agua, 2 cucharas de miel, 1 cucharilla de sal, aceite vegetal

### Receta

1 Pele las raíces deodeok. Bata con un bate y remoje en agua salada. Retire el exceso de humedad.

2 Unte el deodeok con el polvo de arroz glutinoso.

3 Vierta el aceite vegetal en una olla y Fría el deodeok del paso 2 a 160℃.

4 Sirva con miel.

### Nota.

También será bueno espolvorear azúcar en el deodeok frito.

# Gyeongsangnamdo

Gyeongnam se caracteriza por una dieta nutricionalmente equilibrada con una mezcla de productos agrícolas y marinos frescos. Se han desarrollado una variedad de métodos de cocinar el pescado incluyendo el sashimi, pescado a la plancha, al vapor, guisado, sopa, etc. Los fideos de masa cortada eran lo mejor de la comida gourmet, con el caldo sazonado con anchoas o almejas. En las llanuras del interior en la región, se desarrolló la comida que contienen hierbas frescas en la primavera, frutos de verdura en el verano como el pepino, calabacines, berenjenas, pimientos y tomates, y hierbas secas en invierno. Como el clima de esta region es cálido, se utiliza una gran cantidad de sal para evitar que la comida se eche a perder, así que la comida es mayormente salada. La Costa Sur abastece las anchoas secas y anchoas escabechadas. Las anchoas escabechadas se utilizan mayormente para darle sabor a muchas otras comidas como el kimchi. En las grandes celebraciones, se servían ensaladas o pinchos con mariscos (mejillones, caracoles, abalones, pulpos, tiburones, etc). Las familias campesinas comían mucho las papas, batatas, y calabazas herbidas o las gelatinas de trigo negro o bellota, y las tortas de trigo o trigo y ajenjo. La comida se hace simple sin casi ninguna decoración.

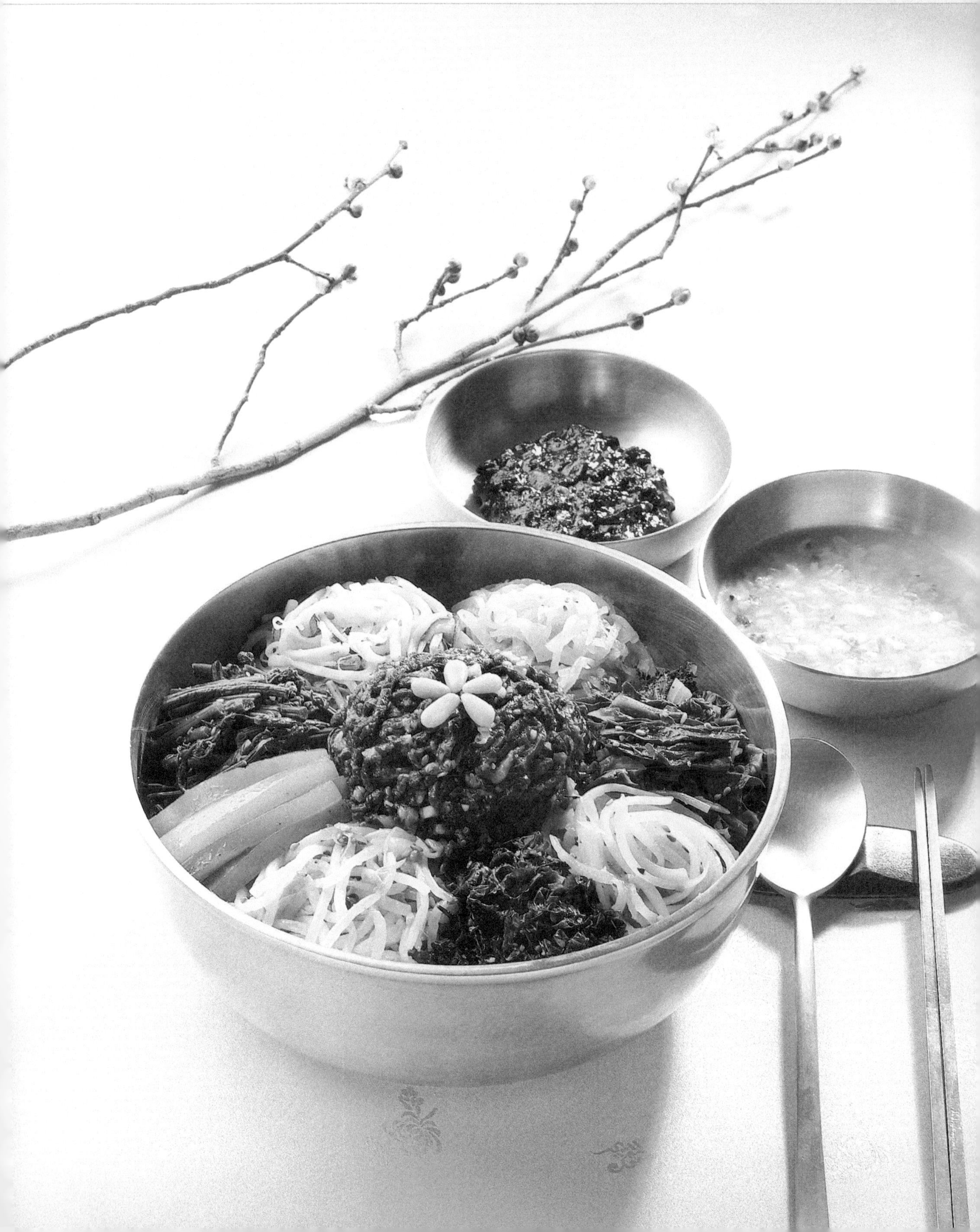

# Jinju bibimbap
## (Bibimbap estilo de Jinju)

### Ingredientes

360g de arroz, 470mL de agua, 130g brotes de frijol mungo, 130g de brotes de soya, 100g de espinaca, 100g de calabacín, 100g de frondas, 100g de raíz de campanilla china, 200g de carne de res, 100g de gelatina amarilla de frijol mungo, 10g de gim (alga prensada), 100g de rábanos, 10g de piñoes, 2 cucharas de gochujang (pasta de pimiento rojo picante) con jarabe, 2 cucharas de salsa de soya, 1/2 cuchara de sal de sésamo, 1/2 cuchara de aceite de sésamo

Aderezo para la carne 2 cucharas de aceite de sésamo, 1 cuchara de azúcar, 1/2 cuchara de ajo molido, 1 cuchara de cebolla verde picada, 2 cucharas de sal de sésamo, una pizca de sal y pimienta negra

Para el caldo 130g de almejas, salsa de soya, 100ml de agua

### Receta

1 Suavize el arroz en agua durante 30 minutos y pongalo a hervir.

2 Corte la carne en trozos delgados y sazone con el aderezo.

3 Corte las cabezas y las colas de los brotes de frijol mungo y corte las colas de los brotes de soya. Póngalos a hervir.

4 Sancoche las espinacas y las frondas por separado en agua hirviendo.

5 Corte las calabazas, rábanos, y campanillas en trozos delgados (5×0,2×0,2cm), y sancochelas en agua hirviendo.

6 Desmenuze el gim (alga prensada) con las manos. Corte la gelatina amarilla de frijol mungo en trozos gruesos. (5×0,5×0,5cm)

7 Añada la salsa de soya, la sal de sésamo, y el aceite de sésamo a cada uno de los ingredientes de los pasos 3, 4, 5 y 6 por separado y mezcle bien.

8 Lave bien las almejas. Ponga las almejas y el agua en una olla y ponga a hervir. Sazone con salsa de soya para hacer el caldo.

9 Coloque el arroz cocido en un plato. Coloque los ingredientes preparados (namul) del paso 7 en colores conjuntos. Vierta ligeramente el caldo del paso 8. Coloque la carne sazonada encima.

10 Adorne el bibimbap con piñones. Sirva con el caldo y el gochujang (pasta de pimiento rojo picante) con jarabe.

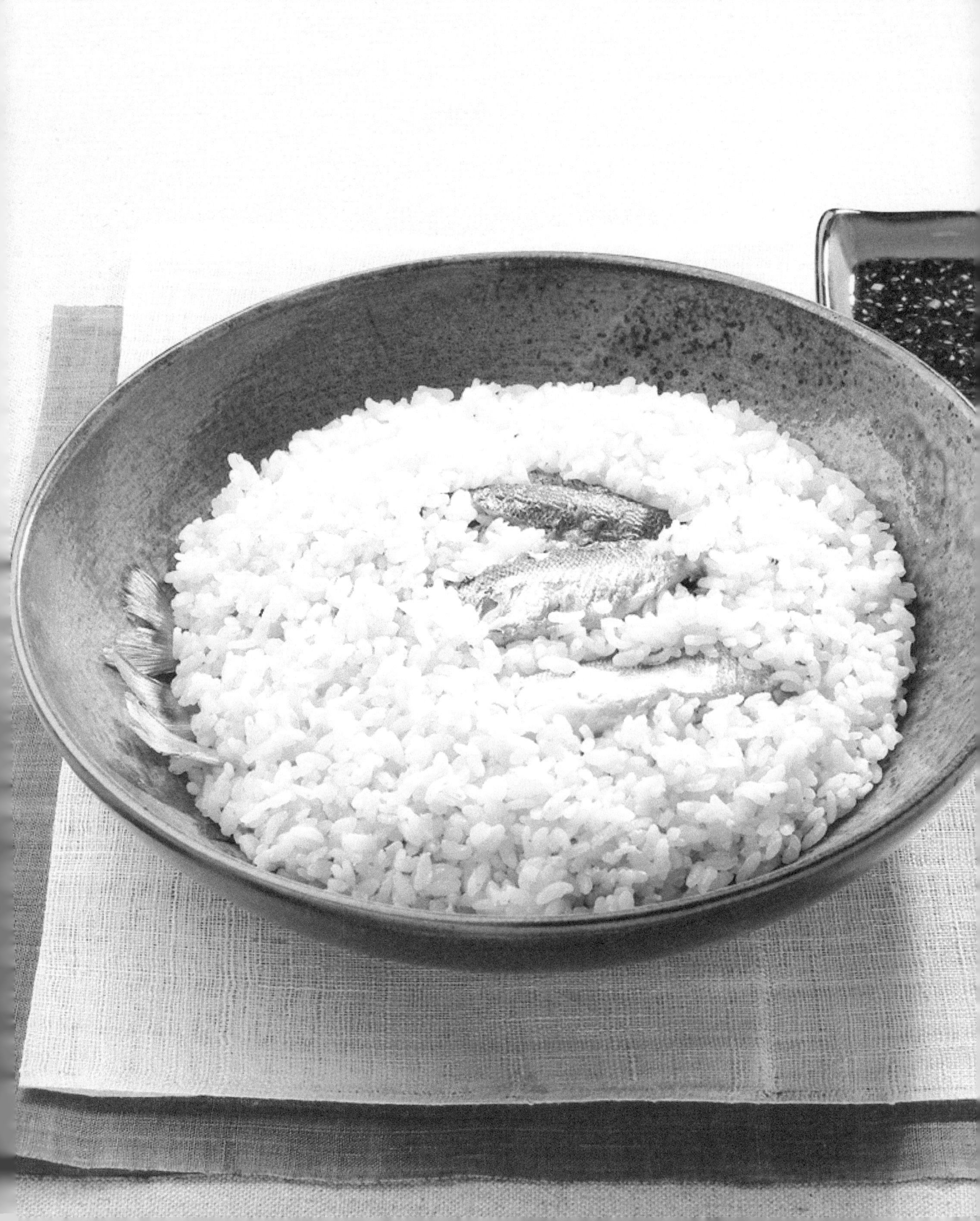

# Euneobap
## (Arroz con Ayu)

### Ingredientes

360g de arroz, 2 ayus, 180g de brotes de soya, 400ml de agua

Aderezo 4 cucharas de salsa de soya, 1 cuchara de cebolla verde picada, 1/2 cucharilla de ajo picado, 2 cucharillas de aceite de sésamo, 2 cucharillas de pimiento rojo en polvo

### Receta

1 Limpie, lave y escurra los brotes de soya.

2 Limpie los ayus quitandole la cabeza y los intestinos.

3 Lave el arroz, y después de remojarlo por 30 minutos cocínelo junto con los brotes de soya y el ayu.

4 Cuando el arroz esté hecho, quíte las espinas del ayu y sazone con el aderezo ya preparado.

### Nota.

Es el país con la mayor producción y consumo de arroz en Europa. Los platos de arroz son muy populares.

# Chungmu gimbap
## (Kkochi gimbap, Rollos de arroz en alga prensada)

### Ingredientes

360g de arroz, 8g de alga prensada, 200g de sepia, 150g de rábano, 470ml de agua, una pizca de sal

Aderezo para el calamar 2 cucharas de pimiento rojo picante, 2 cucharas de salsa de soya, 1 cucharilla de ajo molido, 1 cucharilla de cebolla verde picada, 1/2 cucharilla de sal de sésamo, 1/2 cucharilla de sal, 1/2 cucharilla de azúcar, 1 cucharilla de aceite de sésamo, una pizca de pimienta negra

Aderezo para los rábanos 1 cuchara de camarones salados, 2 1/2 cucharas de pimiento rojo picante en polvo, 1 cucharilla de ajo molido, 1 cucharilla de cebolla verde picada

### Receta

1 Lave el arroz a fondo y ablándelo en agua durante 30 minutos.

2 Pele el calamar y sancochar en agua hirviendo. Corte en trozos largos de 2x4 cm y sazone con los ingredientes.

3 Corte los rábanos en diagonal. Echele un poco de sal, lave y retire el exceso de humedad. Sazone con el aderezo.

4 Corte las algas prensadas en seis trozos. Saque una cuchara del arroz hervido y colóquelo en el centro del alga prensada. Enrolle el alga prensada con el arroz dentro. Sirva con el calamar y rábanos preparados.

### Nota.

En el pasado las mujeres solían vender Gimbap, calamar y kimchi de rábano de un tazón de madera en los barcos de transporte entre Tongyeong y Busan, estos se llamaban "Chungmu gimbap".Chungmu gimbap ("rollos de arroz en alga prensada") es también conocida como Halmae ("abuela") gimbap. Se originó cuando el arroz y platos acompañantes fueron consumidos por separado para evitar que el arroz se eche a perder durante el verano. Originalmente se usaba el pulpo, pero ahora se utiliza el calamar en su lugar.

# Majuk
## (Gachas de ñame)

### Ingredientes

300g de arroz, 250g de ñame, 1,6L de agua, 1 cucharilla de sal, un poco de miel

### Receta

1 Remoje el arroz para suavizarlo bien. Escurralo, echele el agua y luego muelalo finamente.

2 Pele los ñames y rallelos.

3 Hierva bien el arroz molido. Añada el ñame rallado y siga hirviendo durante un tiempo. Sazone con sal.

4 Sirva con miel.

### Nota.

Las gachas también son hechas de ñame rallado, almidón de frijol mungo, y almidón de papa. También se puede mezclar el ñame cocido y el arroz suavizado para hacer las gachas.

# Aehobakjuk
## (Gachas de calabacín)

### Ingredientes

360g de arroz no glutinoso, 100g de calabacín, 100g de almejas sin concha, 2L caldo de anchoas y salsa soya (anchoas, kelp, agua), 1 cuchara de salsa de soya, 1 cuchara de aceite de sésamo, sal de sésamo, un poco de sal

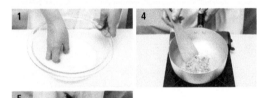

### Receta

1 Lave el arroz y escurra después de remojar por 30 minutos.

2 Corte el calabacín en rodajas de 0,3cm de grosor y en forma de hojas de ginkgo.

3 Lave bien y escurra las almejas y píquelas finamente.

4 Cubra una olla con el aceite de sésamo y ponga las almejas a freír. Añada el arroz remojado y fríalo junto con las almejas.

5 Agregue el caldo de anchoa a la mezcla del paso 4 hasta que quede bien hervido. Eche la calabaza y sazone a gusto con sal y salsa de soya, y deje hervir un poco más.

6 Sirva en un plato y espolvoree con sal de sésamo.

# Jinju naengmyeon
## (Fideos fríos de trigo negro estilo de Jinju)

### Ingredientes

600g de fideos de trigo negro (fideos frescos), 150g de kimchi de rábano, 150g de carne de res (o cerdo), 50g de huevo, 120g de peras, una pizca de pimiento rojo cortado en rodajas, una pizca de piñones, un poco de aceite vegetal, 1,2L de caldo (hecho con ingredientes de productos del mar se describe más abajo)

Aderezo para la carne 1/2 cuchara de salsa de soya, 2 cucharas de cebolla verde picada, 1 cucharilla de ajo molido, un poco de aceite de sésamo, una pizca de azúcar, una pizca de sal de sésamo, una pizca de pimienta negra

Salsa de almidón 1 cucharilla de almidón, 1/2 cuchara de agua

Caldo de mariscos cabeza seca de colín de Alaska, camarones secos, mejillones secos, un poco de agua

### Receta

1 Ponga los ingredientes para el caldo de mariscos en una olla y ponga a hervir.

2 Corte la carne en trozos delgados y sazone con el aderezo. Sumérjalos en el huevo batido. Cubra una sartén con aceite vegetal y saltee la carne de res. Corte de nuevo en trozos de 1cm en grosor.

3 Exprima el kimchi de rábano para eliminar el exceso de humedad. Pele las peras y corte en trozos de 0,5 de grosor.

4 Combine el resto del huevo batido y la salsa de almidón y mezcle bien. Fría la mezcla en capas muy finas y Corte en trozos finos (5x0,2x0,2cm)

5 Corte el pimiento rojo picante en tiras de 3-4cm.

6 Hierva los fideos de trigo negro y enjuague con agua fría y lave varias veces. Enrolle los fideos en un bol.

7 Coloque la carne, el kimchi de rábano, las peras, las tiras de huevo frito, el pimiento rojo picante cortado, y los piñones encima de la espiral de fideos. Échele el caldo de mariscos.

### Nota.

Como trigo era cultivado en el área en torno al monte Jiri, se disfrutaban los fideos de trigo negro en esta región. Así como tienen el Pyongyang naengmyeon en lo que hoy es Corea del Norte, tenemos el Jinju naegmyeon en el Sur.

# Sopa clara de almejas pequeñas de agua dulce

### Ingredientes

800g de almejas pequeñas de agua dulce, 20g de puerros, 1,6L de agua, 1 1/2 cucharillas de sal

### Receta

1 Remoje las almejas en agua salada (con 1/2 cucharilla de sal) para quitar cualquier sedimento.

2 Corte los cebollinos en trozos de 0,5cm.

3 Coloque las almejas en una olla y vierta agua sobre ellos. Cuando comience a hervir, separe la carne de las conchas y sazone con sal (1 cucharilla). Añada los cebollinos antes de apagar el fuego.

### Nota.

Las almejas pequeñas de agua dulce en Corea también se pueden llamar almejas gaeng, lo que significa almejas que viven en el río. También puede añada pimiento rojo picante en polvo o doenjang (pasta de soya).

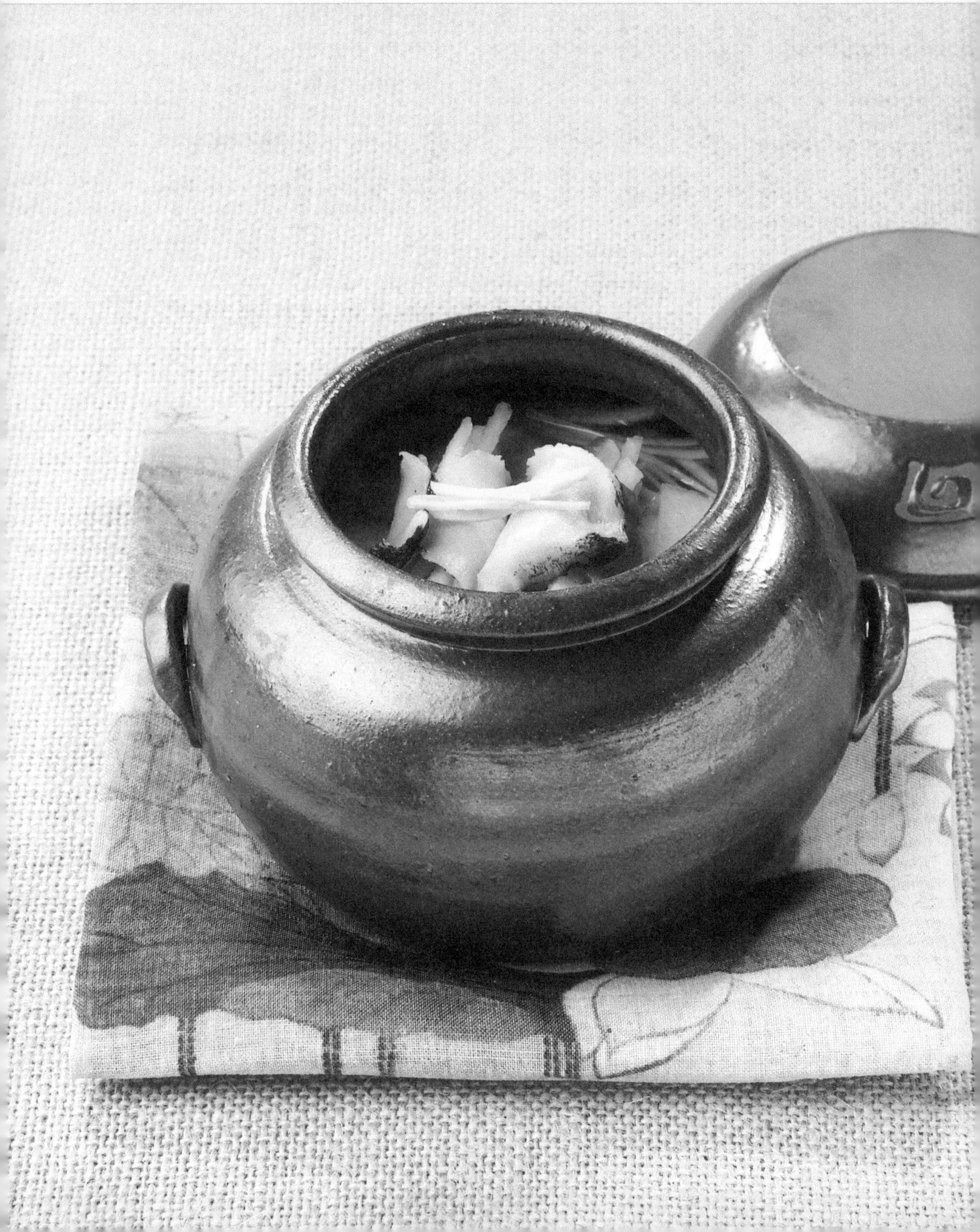

# Jeonbok Kimchi
## (Kimchi de Abulón)

### Ingredientes

420g de abulón crudo, 370g de peras, 430g de rábanos, 1/2 cáscara de cidro, 35g de cebolla verde grande, 20g de jengibre, 3 cucharas de sal
Para el agua salada: 200ml de agua, 2 cucharas de sal

### Receta

1 Hierva ligeramente el abulón y límpielo eliminandole las tripas. Escurra el líquido y cortelo en rodajas finas.

2 Pele las peras y cortelas en tiras finas de 5cm de largo al igual que las cáscaras de cidro.

3 Corte la cebolla verde y el jengibre también en tiras de 5cm de largo.

4 Deje los rábanos cortados en rodajas cuadradas (2×2×0,5cm) adobando con sal. Enjuáguelos bien y escurra toda el agua.

5 Hierva y enfrie el agua salada.

6 Ponga las tiras de pera y cidro sobre los abulones, enrollelos y póngalos en pinchos.

7 Ponga los pinchos del paso 6 en un tarro y añada la cebolla, el jengibre, y el rábano, y cúbralo con el agua salada deje fermentar.

# Busan japchae
## (Fideos de papa con verduras estilo de Busan)

### Ingredientes

1/2 pulpo, 110g de mejillones, 85g de abulón, 50g de almejas, 80g de cebolla, 30g de pimientos verdes, 50g de fideo celofán, 1 cucharilla de aceite vegetal

Aderezo para el fideo celofán 1 cuchara de salsa de soya 1/2 cucharilla de azúcar, una pizca de aceite de sésamo

Aderezo para el japchae 1 cuchara de salsa de soya, 1 cuchara de sal de sésamo, 1 cucharilla de aceite de sésamo, 1 cucharilla de de azúcar, pimienta negra

### Receta

1 Ponga el pulpo en una olla y cocinelo al vapor. Corte diagonalmente en trozos.

2 Recorte las almejas, el abulón, y los mejillones y sancóchelos por separado. Corte diagonalmente en trozos pequeños.

3 Corte la cebolla en trozos de 0,3cm de grosor. Corte los pimientos verdes en dos. Despepite y cortelos en rodajas del mismo tamaño que los trozos de cebolla.

4 Ablande el fideo celofán con agua. Sancoche y corte en trozos. Sazone con el aderezo para el fideo celofán y saltee en una sartén.

5 Cubra una sartén con aceite de sésamo y saltee las cebollas y los pimientos verdes.

6 Combine el fideo de celofán, los mejillones, las almejas, el abulón, el pulpo, la cebolla y los pimientos verdes y sazone con el aderezo para el japchae.

# Eonyang bulgogi
## (Bulgogi estilo de Eonyang)

### Ingredientes

600g de carne, 90g de peras, una pizca de semillas de sésamo

Aderezo 1 1/2 cucharas de salsa de soya, 1 1/2 cucharas de azúcar, 2 cucharas de cebolla verde picada, 1 cuchara de ajo molido, 1 cuchara de miel, 1 cucharilla de jarabe de almidón, 1 cucharilla de aceite de sésamo, una pizca de pimienta negra

### Receta

1 Corte la carne en trozos de 3x5cm

2 Pele y despepite las peras, y rallelas para hacer jugo. Adobe la carne picada en el jugo de pera por 30 minutos.

3 Añada el aderezo y mezcle bien.

4 Coloque un papel Hanji (papel Coreano tradicional) húmedo en una parrilla caliente. Ponga la carne encima. Cocine la carne, rociando agua sobre el papel.

5 Ponga otra pieza de papel húmedo sobre la carne de res. Voltee la carne y siga cocinando. Espolvoree con semillas de sésamo y sirva.

# Minari jeon
## (Panqueque de perejil)

### Ingredientes

200g de perejil, 100g de huevo, 70g de carne picada, 75g de arroz en polvo, 55g de harina (1/2 taza), 30g de pimientos verdes, 30g de pimientos rojos picantes, 1 cucharilla de sal, 100ml de agua, un poco de aceite vegetal

Aderezo 1/2 cuchara de cebolla verde picada, 1 cucharilla de ajo molido, 1 cucharilla de sal de sésamo, una pizca de pimienta negra, un poco de aceite de sésamo

### Receta

1 Corte el perejil en pedazos de 20cm de largo.

2 Corte los pimientos verdes y los pimientos rojos picantes en trozos de 0,2cm en diagonal.

3 Casque los huevos y mezcle bien con agua.

4 Tamize la harina y el arroz en polvo. Sazone con sal. Mezcle con el huevo batido.

5 Sazone la carne de res picada y fría a medias en una sartén.

6 Cubra una sartén con aceite vegetal. Ponga en el perejil y vierta en la mezcla del paso 4.

7 Coloque la carne de res, los pimientos verdes, y el pimiento rojo y caliente encima de la mezcla de perejil y fríalo todo junto.

### Nota.

Tenga cuidado de no cocinar las verduras demasiado. Por lo tanto, se fríen los alimentos a medio del mar y de la carne primero y luego mezcle con las verduras y cocinar muy bien juntos.

# Doraji jeonggwa (Raíz de campanilla confitada)

## Ingredientes

300g de raíces de campanillas, 180g de azúcar, 2 cucharas de miel, 40g de jarabe de glucosa, una pizca de sal, 400ml de agua

Jugo de semillas de Gardenia 2 semillas de gardenia, 140ml de agua

## Receta

1 Frote las raíces de campanilla en la sal y corte en trozos de 5cm de largo.

2 Ponga un poco de sal en un poco de agua hirviendo y sancoche las raíces de campanilla. Luego, remojelas en agua fría durante 20 a 30 minutos para eliminar el sabor amargo.

3 Ponga las raíces de campanilla, el azúcar y el agua a hervir, retirando la espuma.

4 Cuando la mezcla se reduzca a la mitad, agregue el jugo de las semillas de gardenia y luego el jarabe de glucosa y estofe durante un rato a fuego lento hasta que la mayor parte del agua desaparezca.

5 Por último, añadir la miel.

# Mu jeonggwa (Rábano confitado)

## Ingredientes

200g de rábanos, 200g de jarabe de glucosa, 1/2 cucharilla de sal, 200ml de agua

## Receta

1 Corte los rábanos en forma de media luna, a un espesor de aproximadamente 0,5cm.

2 Ponga los rábanos en el agua, agregue la sal y luego sancochelos. Remoje en agua fría y deje que se enfríen. Coloque en otro plato y deje escurrir el líquido para eliminar el exceso de humedad.

3 Mezcle el jarabe de glucosa en agua (200ml) y hierva en una olla. Añada los rábanos del paso 2 y estofelos.

# Yeongeun jeonggwa (Raíces de loto caramelizadas)

## Ingredientes

300g de raíces de loto, 180g de azúcar, 40g jarabe de glucosa, 2 cucharas de miel, una pizca de sal, 400ml de agua

Jugo de schizandra 100g de schizandra, 100ml de agua

Salsa de vinagre 1 taza de vinagre, 400ml de agua

## Receta

1 Pele las raíces de loto, córtelas en trozos de 0,5cm de espesor, y remojelas en la salsa de vinagre.

2 Sancoche las raíces de loto en agua hirviendo. Remoje en agua fría durante un tiempo y luego deje de excurrir para extraer el exceso de humedad.

3 Coloque las raíces de loto sancochadas, el azúcar, la sal y el agua en una olla y ponga a hervir, quitando la espuma.

4 Cuando el líquido se haya reducido en la mitad, agregue el jugo de schizandra y cocine a fuego lento.

5 Agregue el jarabe de glucosa y siga estofando. Agregue la miel.

# Jejudo

La isla de Jeju tiene una montaña alta y sufre de sequía y de daños causados por el viento. Aqui se desarrolló una comida totalmente diferente de las demás regiones del país porque el agua es escasa y no cuenta con muchos cultivos, y sus recetas son muy sencillas. La comida se caracteriza por el poco uso de condimentos, dándole sabor con tan solo los ingredientes principales. No habiendose desarrollado las técnicas de almacenamiento, los mariscos y verduras se comen crudos y se consumían mucho los mariscos escabechados y las algas. Normalmente, se comía arroz de multigranos con sopa de doenjang (pasta de soya fermentada), kimchi, pescado escabechado, o verduras frescas o cocidas con doenjang puro.

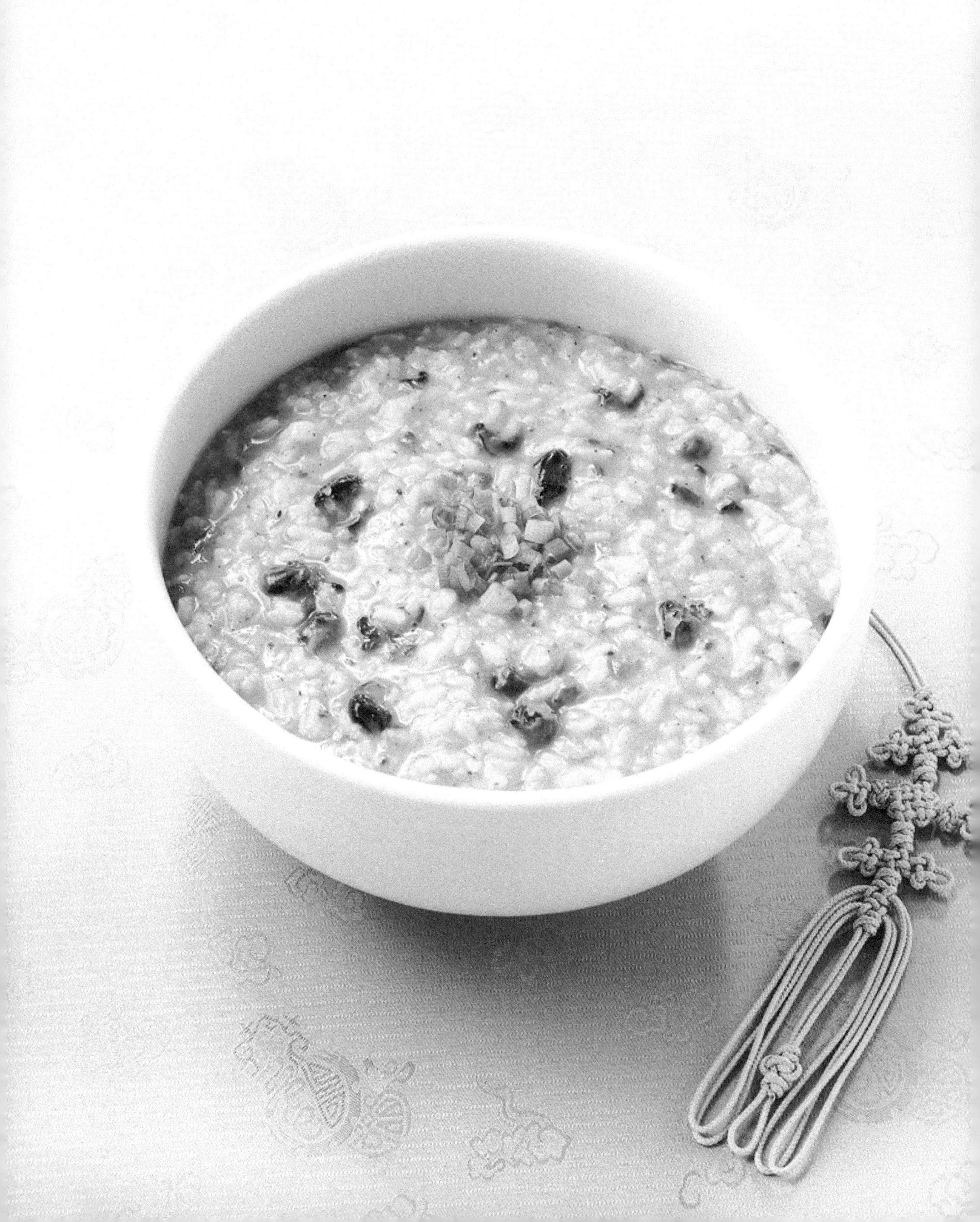

# Godungjuk
## (Gachas de caracol marino)

### Ingredientes

500g de caracol marino (Bomal), 200g de arroz, 1.2L de agua, 10g de cebolla verde, 1 cuchara de aceite de sésamo, 2 cucharillas de sal

### Receta

1 Lave el arroz y remojelo por más de 2 horas, y tamízelo.

2 Lave el caracol marino en agua salada. Añada agua fría y pongalo a hervir. Separe la carne de la caparazón con una aguja.

3 Separe la carne y las tripas del caracol, aplaste las tripas con las manos y separe la arena, y deje el jugo pasar por un tamiz.

4 Eche aceite de sésamo en una caldera. Añada y haga freir el arroz remojado y los caracoles. Eche el jugo del paso 3 y dejelo hervir.

5 Cuando esté hirviendo, remueva con una espátula de madera y reduzca el fuego. Dejelo hervir hasta que el arroz quede recocido.

6 Sazone con sal y sirva en un plato y espolvoree con la cebolla verde picada

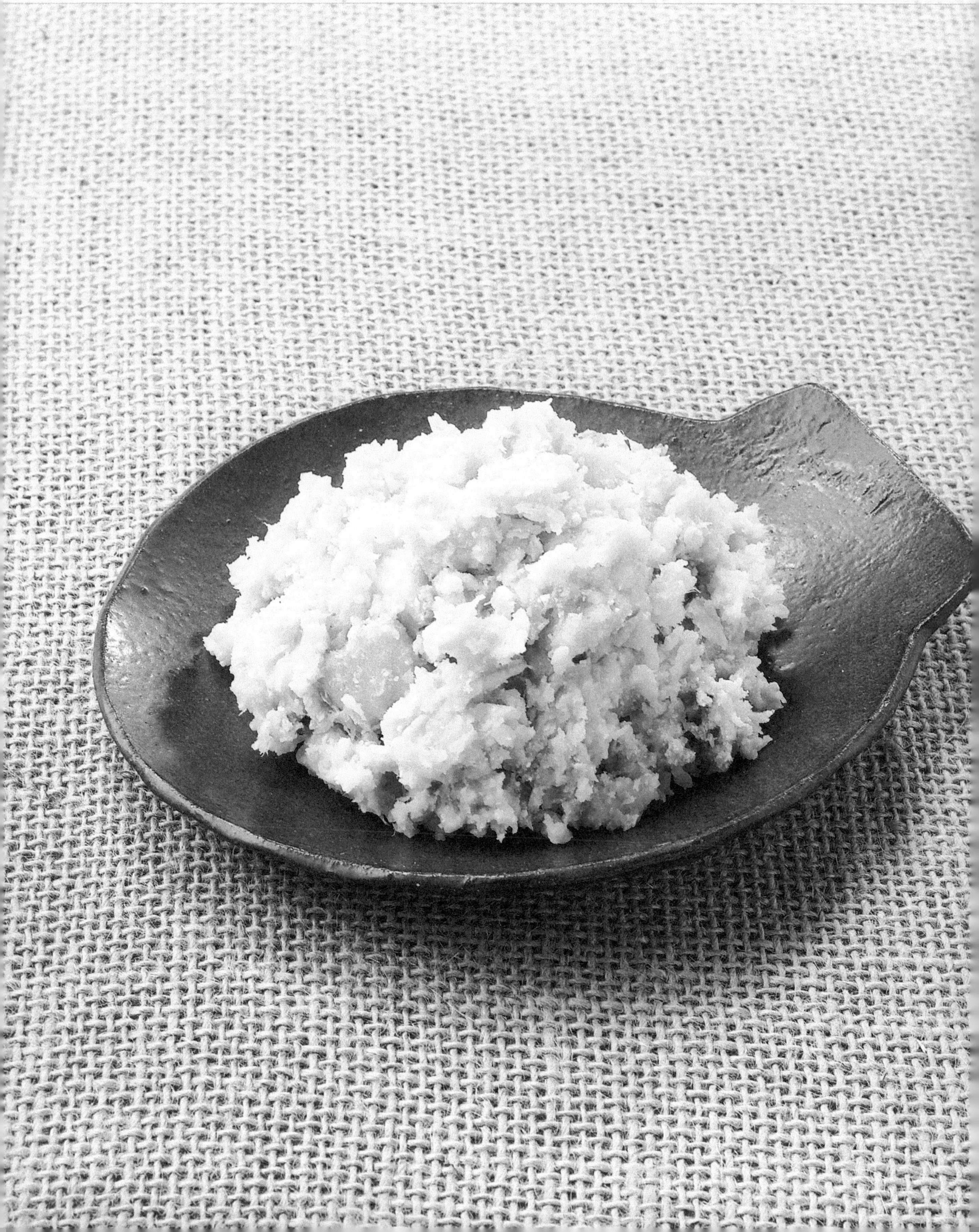

# Memil goguma beombeok
(Gamje beombeok o Neunjaenggi beombeok, gachas de trigo negro y batata)*

## Ingredientes

300g de trigo negro, 630g de batatas, agua, 1 cuchara de sal

## Receta

1 Pele las batatas. Corte en trozos de 3cm en grosor.

2 Vierta un poco de agua en una olla. Coloque los camotes en una olla, agregue la sal y ponga a hervir.

3 Cuando las batatas esten casi cocidas, espolvoree la harina de trigo negro y siga revolviendo hasta que estén bien cocidas.

4 Cuando el trigo se cocine y el color se haga transparente, apague el fuego.

**Nota.**

Si las batatas se producen en Jeju, el sabor es aún mejor.

* Las batatas se están ganando popularidad en EE.UU. entre las mujeres por su alta eficacia para hacer dieta.

# Seongye Naengguk
## (Sopa de erizo de mar)

**Ingredientes**

50g huevos de erizo de mar, 200g de miyeok (alga marina) fresco, un poco de agua, un poco de aceite de sésamo y salsa de soya

**Receta**

1 Hierva los huevos de erizo de mar ligeramente, y saquelos. Deje enfriar el caldo.

2 Lave las algas bien, cortelas a un tamaño adecuado, y fríalas en aceite de sésamo.

3 Ponga los huevos de erizo de mar y las algas en la sopa enfriada del paso 1 y sazone con la salsa de soya.

**Nota.**

España es uno de los pocos países occidentales donde se come el erizo de mar.

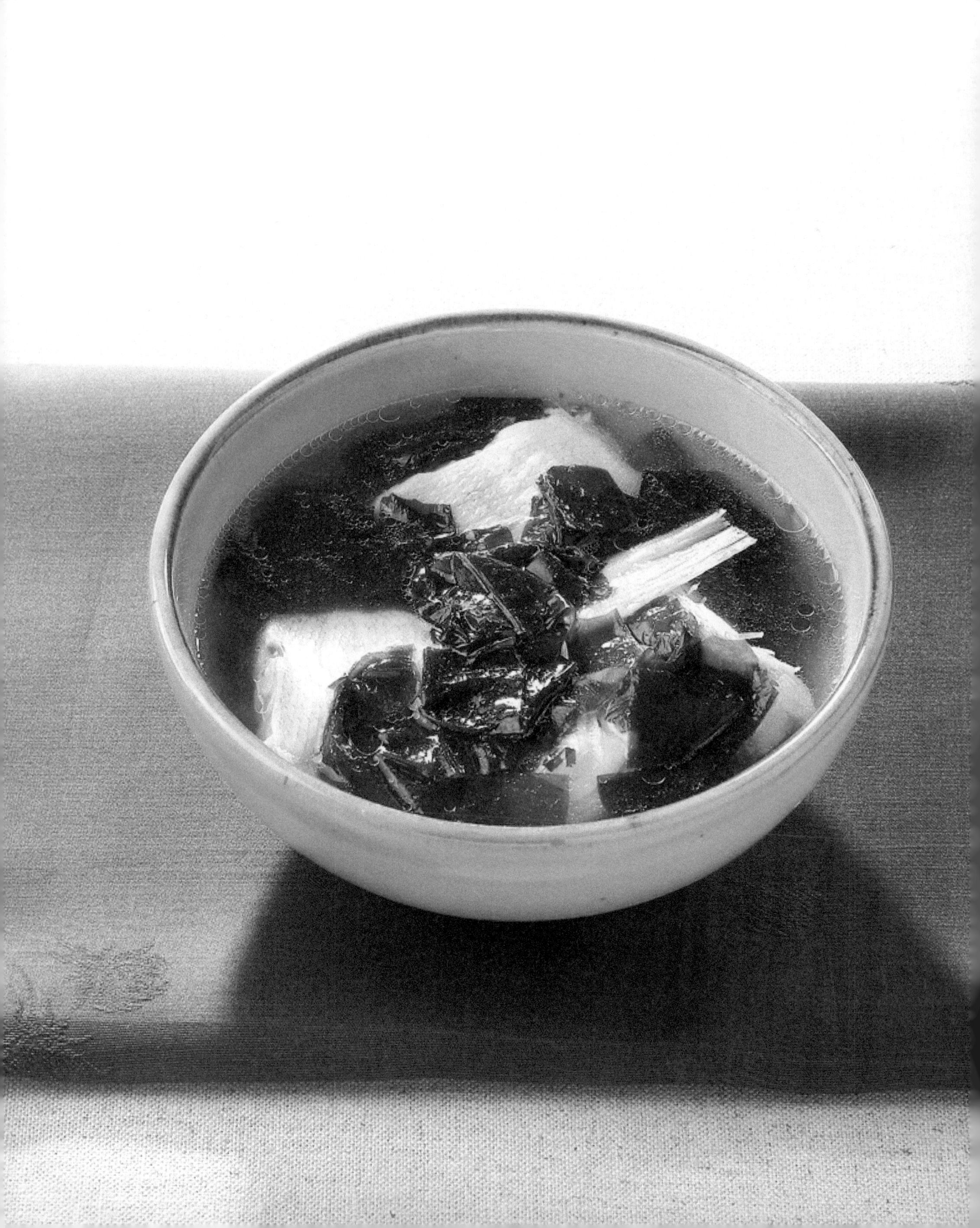

# Okdom miyeokguk
## (Sopa de blanquillo y algas)

### Ingredientes

600g de blanquillo, 500g de miyeok (alga marina) fresco, 1.2L de agua de arroz, 2 cucharas de salsa de soya, un poco de sal

### Receta

1 Rastrille las escamas y limpie las tripas del blanquillo, y cortelo en 3-4 trozos.

2 Eche un poco de sal a las algas y limpie frotandolas. Corte a un tamaño adecuado.

3 Ponga el agua de arroz a hervir en una olla. Añada el blanquillo cuando el agua empiece a hervir.

4 Añada las algas a la olla y sazone con salsa de soya y sal despues de hervir un rato.

### Nota.

El blanquillo en Jeju se le llama "pescado" o "solani", y es muy precioso comparado con otros pescados como el sable o el estornino. Para la sopa de blanquillo se utilizan ingredientes como algas o rábano, mientras que las sopas de estornino, de jurel, o de anchoa utilizan principalmente la calabaza y el repollo.

Se sirve también en la mesa de ofrendas en ritos tradicionales, y tiene un sabor ligero y sabroso. En Jeju "Sopa de pescado" generalmente se refiere a la "sopa de blanquillo".

# Ureok kong Jorim
## (Ureok kong jijim, Estofado de Pescado de Roca con soya)

### Ingredientes

3 Pescados de Roca, 70g de soya (1/2 taza), 15g de pimientos verdes, 15g de pimientos rojos

Aderezo 4 cucharas de agua, 4 cucharas de salsa de soya, 2 cucharillas de pimiento rojo picante en polvo, 1 cuchara de azúcar, 1 cuchara de ajo molido, aceite vegetal, una pizca de semillas de sésamo

### Receta

1 Lave ligeramente la soya en agua. Saltee en una olla.

2 Quítele las tripas a los Pescados de Roca, lavelos bien. Hágales dos rajas.

3 Pique los pimientos verdes y rojos (0,3cm). Haga el aderezo con los ingredientes.

4 Ponga los Pescados de Roca, la soya frita y los pimientos en una olla y vierta el aderezo sobre ellos. Cocine hasta que el caldo se reduzca a la mitad.

### Nota.

El Pescado de Roca se disfruta mejor desde la primavera hasta el verano.

Los Pescados de Roca negros saben mucho mejor que los normales.

# Bing tteok
## (Meongseok tteok, Jaengi tteok, Jeongi tteok, Torta de arroz)*

### Ingredientes

5 tazas de trigo negro, 1,6L de agua, 800g de rábanos, 100g de cebollas verdes pequeñas, 1 cucharilla de sal, 1 cucharilla de sal de sésamo 2 cucharillas de aceite de sésamo, aceite vegetal

### Receta

1 Amase la harina de trigo negro en agua salada tibia
2 Corte los rábanos en trozos (5×0,3×0.3cm) y póngalos a hervir. Luego escurra el agua. Pique las cebollas verdes en pequeños pedazos de 0.3cm.
3 Agregue el aceite de sésamo, la sal y la sal de sésamo del paso 2 y mezcle bien para hacer un relleno.
4 Cubra una sartén con aceite vegetal. Levante cucharón de la pasta de trigo negro y fríalo (20-cm de diámetro).
5 Coloque la torta de arroz frita del paso 4 en un plato. Levante un cucharón del relleno del paso 3 y colóquelo en el centro de la torta de arroz. Enrolle y presione ambos extremos con los dedos.

### Nota.

En el pasado, las mujeres en la isla de Jeju solían llevar una canasta de bing tteok para rendir homenaje a las casas que realizaban ceremonias religiosas.

A veces, se utilizan los frijoles rojos en lugar de los rábanos para hacer el relleno.La masa de trigo negro es también hecha gruesa y cocida al vapor en forma de bolitas de masa, lo que se llama Maemil tteok mandu.

Si el polvo de trigo negro es molido en el mismo molinillo después de moler malta o soya en polvo, es difícil hacer buen bing tteok ya que el polvo se afloja.

* Es ideal para un plato de fiesta.

# Sirome cha
## (Té de Empetrum)

### Ingredientes

2kg de empetrum, 1,5kg (10 tazas) de azúcar (miel), agua

### Receta

1 Lave ligeramente los empetrum y retire el exceso de humedad.
2 Esparza el azúcar y empetrum alternativamente en una botella de vidrio y permítalos saturar durante
   un mes para convertirse en líquido crudo de empetrum
3 Agregue el líquido en agua fría o agua caliente según el gusto individual.

### Nota.

Empetrum son nativas del Monte Halla en Jeju y es sabroso. El
color es más oscuro que el té de schizandra negra.

# 한국전통향토음식(스페인어)

초판 1쇄 인쇄  2020년 06월 15일
초판 1쇄 발행  2020년 06월 25일

지은이    국립농업과학원
펴낸이    이범만
발행처    **21세기사**
등록      제406-00015호
주소      경기도 파주시 산남로 72-16 (10882)
전화 031)942-7861  팩스 031)942-7864
홈페이지  www.21cbook.co.kr
e-mail    21cbook@naver.com
ISBN 978-89-8468-876-6

정가 20,000원